Peter Sawtschenko

30 Minuten

Positionierung

Bibliografische Information der Deutschen Nationalbibliothek

Die Deutsche Nationalbibliothek verzeichnet diese Publikation in der Deutschen Nationalbibliografie; detaillierte bibliografische Daten sind im Internet über http://dnb.d-nb.de abrufbar.

Umschlaggestaltung: die imprimatur, Hainburg
Umschlagkonzept: Martin Zech Design, Bremen
Lektorat: Sandra Klaucke
Satz: Zerosoft, Timisoara (Rumänien)
Druck und Verarbeitung: Salzland Druck, Staßfurt

3., überarbeitete Auflage 2012

Hinweis:
Das Buch ist sorgfältig erarbeitet worden. Dennoch erfolgen alle Angaben ohne Gewähr. Weder Autor noch Verlag können für eventuelle Nachteile oder Schäden, die aus den im Buch gemachten Hinweisen resultieren, eine Haftung übernehmen.

Printed in Germany

ISBN 978-3-86936-323-3

In 30 Minuten wissen Sie mehr!

Dieses Buch ist so konzipiert, dass Sie in kurzer Zeit prägnante und fundierte Informationen aufnehmen können. Mithilfe eines Leitsystems werden Sie durch das Buch geführt. Es erlaubt Ihnen, innerhalb Ihres persönlichen Zeitkontingents (von 10 bis 30 Minuten) das Wesentliche zu erfassen.

Kurze Lesezeit

In 30 Minuten können Sie das ganze Buch lesen. Wenn Sie weniger Zeit haben, lesen Sie gezielt nur die Stellen, die für Sie wichtige Informationen beinhalten.

- Alle wichtigen Informationen sind blau gedruckt.

- Schlüsselfragen mit Seitenverweisen zu Beginn eines jeden Kapitels erlauben eine schnelle Orientierung: Sie blättern direkt auf die Seite, die Ihre Wissenslükke schließt.

- *Zahlreiche Zusammenfassungen innerhalb der Kapitel erlauben das schnelle Querlesen.*

- Ein Fast Reader am Ende des Buches fasst alle wichtigen Aspekte zusammen.

Inhalt

Vorwort **6**

1. Wer nicht automatisch neue Kunden gewinnt, ist falsch positioniert **9**
Das Problem der Austauschbarkeit 10
Hoffnungsfalle Bauchladenstrategie 11
Positionierung – anders sein als andere 13

2. Mit Positionierungsstrategien aus der Austauschbarkeitsfalle **17**
Ideen und Ansätze für die Positionierung 18
Durch Positionierung zur Marke 22

3. Durch Spezialisierung zur Positionierung **27**
Vorteile der Spezialisierung 28
Wie spezialisiert sind Sie? 31
Zielgruppendefinition – die Basis für Ihren Erfolg 34

4. Erfolgreiche Produkt-Positionierungsstrategien **39**
Positionierung über den Preis 39
Positionierung mit einem Pionierprodukt 41
Positionierung über die virtuelle Qualität eines Produkts 45
Positionierung über Joint-Venture-Strategien 51

5. In 12 Schritten zur erfolgreichen Positionierung **59**
Schritt 1: Interne Probleme erkennen 61
Schritt 2: Externe Probleme definieren 63
Schritt 3: Risiken der Zukunft abschätzen 64
Schritt 4: Chancen der Zukunft erkennen 66
Schritt 5: Die wichtigsten Wettbewerber identifizieren 67
Schritt 6: Die eigenen Stärken ermitteln 68
Schritt 7: Potenzielle Geschäftsfelder analysieren 69
Schritt 8: Die erfolgversprechendsten Zielgruppen definieren 71
Schritt 9: Die brennendsten Probleme erkennen 73
Schritt 10: Innovationspotenzial herauskristallisieren 75
Schritt 11: Hemmschwellen der Zielgruppe abbauen 77
Schritt 12: Das Unternehmensziel festlegen 79
Die weitere Erfolgsgeschichte von PhysioAktiv 80

Fast Reader **85**

Der Autor **92**

Weiterführende Literatur **93**

Vorwort

Die Situation in vielen Unternehmen sieht heute so aus: Trotz steigender Investitionen ins Marketing sinkt die Nachfrage. Durch ein Überangebot von Wettbewerbern, Konsumzurückhaltung und einen harten Preiskrieg wandern immer mehr Kunden zu Konkurrenten ab. Größer werdende Auftragslöcher, Wettbewerber aus den Billigländern sowie sinkende Umsätze und Gewinne machen die Zukunft ungewiss. Doch es gibt einen Ausweg aus der Krise.
Wenn Sie dieses Buch gelesen haben, werden Sie Ihr eigenes Unternehmen, Ihren Markt und Ihre Wettbewerber mit anderen Augen sehen. Positionierung ist die Energiequelle und der Turbolader für ungewöhnliche Markterfolge. Es ist die „Geheimwaffe", mit der Sie sich der Krise, der Austauschbarkeit und dem Preiskampf erfolgreich entziehen, die Nachfrage steigern, neue Spezialisierungs-Marktnischen finden und zu einer erfolgreichen Marke werden.

Durch Positionierung zum Erfolg

Positionierung ist das Instrument mit der stärksten Hebelkraft für kleine und mittelständische Unternehmen aus allen Branchen, wie z.B. Dienstleister, Handwerker, Produkthersteller, Existenzgründer, Serviceunternehmen, Händler, selbst Einzelpersonen wie Berater und Freiberufler. Es basiert auf der Engpasskonzentrierten Verhaltens- und Führungsstrategie (EKS) nach Wolfgang Mewes.
Dieses Buch zeigt Ihnen, wie Sie die besonderen Stärken Ihres Unternehmens erkennen und definieren.

Entscheidend dafür ist, dass Sie Ihre Zielgruppe genau kennen: Wer braucht Ihre Produkte, für wen sind sie einzigartig? Lernen Sie, Ihre Zielgruppe noch weiter zu differenzieren, um die sogenannte Leidens-Zielgruppe herauszufinden: Wer hat ein Problem, das genau Sie mit Ihren Produkten lösen können? Konzentrieren Sie sich darauf, auch wenn Sie meinen, diese Zielgruppe sei viel zu klein: In dieser Nische ist die Aufmerksamkeit für Ihr Angebot am größten, dort besitzen Sie Einzigartigkeit. Von dort aus können Sie wachsen und neue Zielgruppen erschließen.

Das erste große Hindernis – vor allem, wenn es sich um Spezialisierungsstrategien handelt – sind die Menschen selbst: die Angst vor Veränderungen, das Festhalten an alten Gewohnheiten und ihren Erfahrungen. Zuerst müssen Sie Ihren Kopf freimachen, bereit sein umzudenken und neue Erkenntnisse aufzunehmen. Haben Sie bitte keine Angst vor Veränderungen!

Nach Hunderten von Beratungen kann ich Ihnen versichern, dass es so gut wie immer Spezialisierungs- bzw. Wachstums- oder Produktalleinstellungspotenziale gibt, und zwar auch in scheinbar ausweglosen Situationen. Vielfach sind sie bereits im Unternehmen vorhanden, werden aber nicht gesehen.

Ich möchte Sie motivieren und Ihnen Mut machen nach- und umzudenken, damit Sie auch in Zukunft an Ihrem Unternehmen und nicht nur in ihm arbeiten.

Peter Sawtschenko www.sawtschenko.de

30 MINUTEN

Können Sie benennen, was Ihr Unternehmen von anderen unterscheidet?

Seite 10

Wissen Sie, warum eine Erweiterung der Angebotsvielfalt nicht unbedingt sinnvoll ist?

Seite 11

Wie kommen Sie aus der Preisfalle?

Seite 13

1. Wer nicht automatisch neue Kunden gewinnt, ist falsch positioniert

Warum soll ein Kunde ausgerechnet bei Ihnen kaufen?

Die wenigsten Unternehmen wissen eine Antwort auf diese Frage, weil sie kein klares Alleinstellungsmerkmal haben. Machen Sie doch mal einen Test und fragen Sie bekannte Unternehmen, was das Einzigartige an deren Angebot ist und warum Sie gerade bei ihnen kaufen sollen. Sie werden überrascht sein, wie wenige Unternehmen und deren Mitarbeiter in der Lage sind, ihre Einzigartigkeit in einem klaren und einfachen Satz zu beschreiben. Das bedeutet, der Kunde soll ohne einen triftigen Grund kaufen. Die Austauschbarkeit bringt Kunden dazu, selbst nach Unterscheidungsmerkmalen zu suchen. Ist es nur der Preis, dann werden sich viele Käufer in ihrer Orientierungslosigkeit einzig daran ausrichten, auch danach entscheiden. Wer sich nicht selbst positioniert, wird positioniert. Wer positioniert wird, kann sein Markenimage nicht selbst bestimmen.

1.1 Das Problem der Austauschbarkeit

Seit mehreren Jahren sind viele Unternehmen konfrontiert mit stagnierenden Märkten, zunehmend vergleichbaren Leistungen und sinkender Kommunikationseffizienz. Wachsende Kaufzurückhaltung von Seiten der Konsumenten und steigende Preissensibilität führen außerdem zu einer veränderten Kaufkultur. Das verlangsamte Wirtschaftswachstum in nahezu allen Branchen zwingt Unternehmen, ihre verfügbaren Ressourcen effektiver und effizienter einzusetzen, um den langfristigen Erfolg am Markt zu sichern.

Die Negativspirale

Harter Wettbewerb sowie austauschbare Produkte und Dienstleistungen unterliegen grundsätzlich dem Preiskampf. Das bedeutet: geringer Deckungsbeitrag, mangelnde Liquidität, sinkende Loyalität und schlechte Kreditwürdigkeit. Ohne Alleinstellung steigt der Streuverlust in der Werbung. Die Umwandlungsquote von Anfragen und Angebotserstellungen in Aufträge wird immer geringer und die Neukundengewinnung immer teurer. Steckt ein Unternehmen in dieser negativen Spirale, so wird es dringend Zeit, über die eigene Positionierung nachzudenken.

Wer als kleines und mittelständisches Unternehmen im Kopf der Kunden in der Preisschublade landet, produziert auf Dauer noch mehr Probleme. Die anderen austauschbaren Wettbewerber versuchen ebenfalls, über den Preis Aufträge an Land zu ziehen. Der Preiskrieg und das Verkaufsgespräch mit Sonderangeboten werden zum Alltag. Noch viel schlimmer ist das, was im Kopf passiert. Der Gedanke, dass der Kunde nicht versucht zu handeln, sondern sich aus seinen vorliegenden Angeboten für das günstigere entscheidet, führt zu einer Prostitution im Angebotswesen: Unternehmen sind ständig über die Preise der Wettbewerber informiert, und bei der Angebotserstellung werden nicht selten ohne Aufforderung gleich Sonderkonditionen angeboten. Oder es wird, wie zum Beispiel im Bauhandwerk, durch geschickte Formulierungen ein scheinbar günstiger, aber in Wirklichkeit offener Endpreis angeboten.

Sind die Produkte verschiedener Anbieter in den Augen des Kunden gleich, entscheidet er meist nach dem Preis. Dadurch entsteht eine Negativspirale mit fatalen Folgen für die Unternehmen. 30

1.2 Hoffnungsfalle Bauchladenstrategie

Auf die veränderte Marktsituation reagieren viele Unternehmen mit einer Verbreiterung ihres Produktangebots. Sie sind der Ansicht, sich dadurch auf eine „sicherere" Basis zu stellen, indem sie sich mehrere Standbeine zulegen – nach dem Motto: Wenn sich die Produkte

A, B oder C nicht mehr so gut verkaufen, dann schaffen eben D, E oder F den nötigen Ausgleich. Doch das ist ein gefährliches Manöver, das zur Angebotsverzettelung führt, keineswegs jedoch zur Existenzsicherung beiträgt! Denn mit jedem hinzukommenden Angebot, jedem neuen Produkt, jeder neuen Dienstleistung verwässert sich die Kernkompetenz des Unternehmens, ebenso wie das Bild, das die Käufer von einem Unternehmen haben. Die Firma verliert zunehmend ihr Profil. Schließlich weiß niemand mehr, wofür es steht. Auf diese Weise werden Unternehmen und ihre Produkte austauschbar.

In die Falle der Austauschbarkeit gerät ein Unternehmen dann, wenn es gleiche oder ähnliche Produkte anbietet, wie sie auch andere Mitbewerber im Sortiment haben. In den Augen der Kunden fehlt ein besonderes Merkmal, ein herausragender Nutzen oder ein einzigartiger Vorteil, der ein Produkt erst wertvoll macht, weil es sich dadurch von anderen Konkurrenzprodukten unterscheidet.

Denn sind Produkte austauschbar, sucht der Kunde selbst nach Unterscheidungsmerkmalen. In einem Anbietermarkt ohne Alleinstellungsmerkmal bleibt als Unterscheidungskriterium oft nur der Preis, wie die überall so beliebten Werbeslogans „Geiz ist geil" oder „Billig will ich" verdeutlichen. Sie zeigen, dass viele Käufer sich in ihrer Orientierungslosigkeit einzig am Preis ausrichten, weil sie ansonsten keine Unterschiede in den Angeboten mehr erkennen können.

Wer als Unternehmen zu einem Bauchladen wird, verwässert langfristig seine Marke, verliert an Profil und steht am Ende für nichts.

1.3 Positionierung – anders sein als andere

Wenn Sie in einem starken Wettbewerbsumfeld ohne eine besondere Alleinstellung agieren, sollten Sie zunächst über Ihre Positionierung nachdenken. Mit einer Alleinstellung erreichen Sie automatisch eine höhere Aufmerksamkeit und einen besseren Respons auf Ihre Marketingaktionen.
Eine Neupositionierung hilft Ihnen, sich der Austauschbarkeit und den Preiskampfgesprächen zu entziehen. Nur wer sich von anderen unterscheidet, Alleinstellungsmerkmale hat und für eine besondere Spezialisierung bzw. Zielgruppe steht, wird in Zukunft profitabel arbeiten. Wer sich nicht unterscheidet, für den legt die Konkurrenz oder legen die Kunden den Preis fest.

Wo liegen die Unterschiede?

Sehen Sie sich einmal das folgende Bild an. Die Bäume stehen stellvertretend für eine Branche. Der einzelne Baum steht für ein Unternehmen, ein Produkt oder eine Dienstleistung. Erkennen Sie die Unterschiede zwischen den Bäumen? Notieren Sie mindestens fünf Unterscheidungsmerkmale.

Haben Sie die Unterschiede entdeckt? Mussten Sie intensiv danach suchen? Haben Sie dafür einige Zeit gebraucht? Oder fiel es Ihnen schwer, deutliche Unterschiede zu erkennen? So wie es Ihnen erging, so ergeht es vielen Kunden und Unternehmen: Man sieht keine markante Unterschiede. Kunden haben das Problem, dass viele Anbieter schlichtweg austauschbar oder schlecht positioniert sind. Gehören auch Sie dazu? Folgerichtig taucht die Frage auf: Warum soll ein Kunde ausgerechnet bei Ihnen kaufen und nicht bei Ihren Wettbewerbern? Das Bild des kleinen Baumes zwischen den großen in der folgenden Abbildung zeigt, wie es funktioniert: Auch der kleine Anbieter hat zwischen den großen Platz, wenn er sich auf sein Wachstum in der Lücke konzentriert.

Die Lösung liegt darin, ein neues Alleinstellungsmerkmal zu finden, das ein Unternehmen in den Augen seiner Kunden deutlich von der Konkurrenz abhebt. Denn Firmen, die einzigartig sind und etwas Besonderes bieten, brauchen nicht mehr über den Preis zu verkaufen. Mit Kunden und Interessenten werden Nutzen- statt Preisgespräche geführt.

Ganz nebenbei wirkt ein solches Alleinstellungsmerkmal wie eine Motivationsspritze für ein Unternehmen: Es macht Mitarbeiter stolz und wirkt belebend, fördert die Lust an der Arbeit.

Im folgenden Kapitel erfahren Sie, wie auch Sie eine solche „Lücke" finden können, in der die Besonderheit Ihrer Dienstleistung oder Ihres Produkts sichtbar wird. Wenn Ihr Unternehmen als einzigartig wahrgenommen wird, kann es sich entfalten und wachsen.

Wer das Gleiche anbietet wie andere, wird austauschbar, Kunden sehen keinen Unterschied und entscheiden oft nach dem Preis.

- ***Positionierung dagegen beschäftigt sich damit, Lücken im Markt zu finden und zu besetzen.***
- ***Finden Sie ein Alleinstellungsmerkmal, das Sie von anderen unterscheidet.***

30 MINUTEN

Können Sie benennen, warum Kunden bei Ihnen kaufen sollten?

Seite 18

Haben Sie „unverschämte“ Ziele für Ihr Unternehmen?

Seite 21

Wissen Sie, wie eine Marke entsteht?

Seite 22

2. Mit Positionierungsstrategien aus der Austauschbarkeitsfalle

Stellen Sie sich die folgende Frage: „Wofür stehen wir und warum soll sich ein Kunde ausgerechnet für uns entscheiden?“
Um heute in Märkten aufzufallen, muss man einen einzigartigen und andersartigen Nutzen oder Vorteil bieten, der den der Konkurrenten übertrifft bzw. darüber hinausgeht. Wichtig ist, dass Sie sich dabei an konkreten Marktbedürfnissen orientieren.

2.1 Ideen und Ansätze für die Positionierung

Im Prinzip kann jedes Kundenproblem eine Markt- bzw. Positionierungsnische sein. Je länger eine Chance bzw. Marktlücke besteht, desto eher kann sie natürlich durch einen Mitbewerber erkannt werden. Ein wichtiger Schritt bei der Suche ist, dass Sie zuvor Ihre Kunden befragen, warum sie bei Ihnen kaufen bzw. gerne kaufen und was Sie noch besser machen könnten. Nehmen Sie auch Kritik dankbar an. Kritik ist eine Quelle für Innovationen und die beste Basis, Ihre Kunden durch ein gezieltes Beschwerdemanagement-Konzept langfristig zu binden.

Bisher beherzigt nur ein kleiner Prozentsatz aller Unternehmen die Vorteile eines Alleinstellungsmerkmals und macht bedeutend bessere Umsätze bzw. erzielt einen besseren Deckungsbeitrag als andere. Diese Unternehmen haben gegenüber den Mitbewerbern einen unschätzbaren Vorteil.

Ihre Vision

Stellen Sie sich vor, dass keiner Ihrer Kunden sich jemals darüber Gedanken machen muss, ob er eine falsche Entscheidung beim Kauf trifft. Denn er weiß, er ist bei Ihnen in besten Händen. Wie viel einfacher, vertrauter und erfolgreicher verliefe jedes Verkaufsgespräch! Ihre Verkaufsabschlüsse werden steigen, Sie werden bei jedem Kundenbesuch pro Kopf mehr

verkaufen und mit Sicherheit die Kauffrequenz steigern, Sie werden leichter und schneller neue Kunden gewinnen. Das Empfehlungsmarketing bzw. die Mund-zu-Mund-Propaganda laufen zum Nulltarif und lassen Ihre Mitbewerber im Regen stehen.
Je nach Unternehmen, Produkt oder Dienstleistung gibt es eine Vielzahl von Positionierungsnischen. Vieles ist schon da und muss nicht neu erfunden werden. Tausende von Firmen denken täglich über neue Konzepte nach, entwickeln sie und setzen sie im Markt um. Manche dieser Ideen sind sehr erfolgreich, andere weniger oder gar nicht. Viele Einfälle sind auf andere Branchen übertragbar und werden so zur Inspirationsquelle. Kreative Ideen erwachsen häufig aus dem Transfer eines Gedankens auf ein neues Feld, einen anderen Bereich, eine andere Branche.

Positionierungsideen zu finden bedeutet auch quer zu denken, alte Denkmuster abzulegen, Dinge zu kombinieren und das scheinbar Unmögliche zuzulassen.

Querdenken

Wer sich Berater auch mal aus anderen Branchen holt, kann seinen Horizont erweitern. Unternehmen, die immer wieder Consultants aus der eigenen Branche zu Rate ziehen, gleichen sich über einen längeren Zeitraum einander an und haben fast zwangsläufig ähnliche Angebote. Denn kreative Anstöße und Veränderungen kommen häufig von außen – von Leuten, die noch

nicht betriebs- und branchenblind sind und daher einen unbefangenen Blick auf die Dinge haben.
Ähnlich sollten auch Sie vorgehen: Analysieren Sie erfolgreiche Firmen – welche Positionierungsnische besetzen sie? Wie kommunizieren sie? Bewerten Sie beispielsweise einen Prospekt dahingehend, ob er die Bedürfnisse einer speziellen Zielgruppe befriedigt oder eher ein Gemischtwarenladen-Angebot bereithält. Was können Sie daraus lernen? Wenn Sie regional tätig sind, finden Sie oft in der eigenen Branche Positionierungsideen. Welchen Ansatz verfolgt Ihr Wettbewerber, wie lassen sich gute Ideen auf Ihr Konzept übertragen? Auch das Internet kann eine ideale Informationsplattform sein, denn dort finden Sie Positionierungsideen, die sich erfolgreich im Markt etabliert haben. Vielleicht passen sie zu Ihren Stärken und lassen sich in Ihr Umfeld übertragen.

Niedrige Ziele – laue Ergebnisse

Versuchen Sie Denkblockaden zu durchbrechen. Bei meinen Workshops müssen die Teilnehmer zu Beginn ihre Ziele definieren. Es ist immer wieder erschreckend, welche „lauen“ Punkte genannt werden, z.B. „Wir streben mehr Umsatz an.“, „Wir möchten mehr Neukunden gewinnen.“ etc. Solch niedrige Ziele können auch nur mäßige Ergebnisse mit sich bringen! Viele wollen immer nur etwas mehr als bisher. Genau darin liegt der entscheidende Fehler: Bei zu niedrig gesteckten Zielen führen alle Bemühungen nur zu lauwarmen Ergebnissen.

Unverschämte Ziele – Denkblockaden aufbrechen

Neue Marktnischenpotenziale können dagegen mit ungewöhnlichen Zielen erschlossen werden. Ich lasse daher die Teilnehmer im zweiten Durchgang unverschämte Ziele definieren, um alte Denkmuster und Glaubenssätze zu verändern. Die Aufgabe „Setzen Sie sich unverschämte Ziele, statt nur etwas mehr als jetzt zu wollen!" erhöht signifikant das Kreativitätspotenzial und die Anforderungen an die Teilnehmer, erweitert die Perspektive und zwingt zum Querdenken.

Wenn die erfolgversprechendste Zielgruppe festgelegt wird, erfolgt in der Regel die Erfassung der brennendsten Probleme dieser Zielgruppe. Nach dieser Phase werden die unverschämten Wünsche der erfolgversprechendsten Zielgruppe erarbeitet. Dieser wichtige Zwischenschritt setzt ein hohes, am Markt orientiertes kreatives Potenzial frei und hilft, gewohnte Denkbahnen zu verlassen. Die Teilnehmer können leichter neue Marktpotenziale abseits der ausgetretenen Pfade des Wettbewerbs erschließen und überraschende Marktnischen-Ideen entwickeln.

Beispiele für unverschämte Ziele

- Kundenwarteschlangen
- Werbung zum Nulltarif
- Kunden, die Ihre Werbung bezahlen.
- Zielgruppen- und Auftragsbesitzer, die neue Kunden für Sie akquirieren.
- Presse, die über Sie schreibt.
- Entzugsgespräche statt Verkaufsgespräche führen.

- Passives Einkommen erreichen (wer arbeitet, hat keine Zeit Geld zu verdienen).

Mit der Übung kommt der Erfolg

Mit der Positionierung ist es wie mit dem Fahrradfahren: Im niedrigen Gang müssen Sie viel strampeln, kommen nur langsam vorwärts und stellen oft fest, dass der Markt schneller ist als Sie. Mit einer verbesserten Positionierung schalten Sie in den höchsten Gang mit größter Übersetzung um.

Positionierungsstrategien sind in Amerika schon seit Jahren die Geheimwaffe für kleine und mittelständische Unternehmen. Bei uns beschäftigen sich leider noch zu wenige damit oder das Thema bleibt zu theoretisch. Ob Sie als Dienstleister oder produzierendes Unternehmen tätig sind, Sie sollten jede Strategie auf Übertragbarkeit und Kombination prüfen. In den folgenden Kapiteln erhalten Sie viele weitere Ideen und konkrete Schritt-für-Schritt-Anleitungen für Ihre eigene Umsetzung.

Bei der eigenen Positionierung hilft oft, sich „unverschämte" Ziele zu setzen. Schrauben Sie Ihre Erwartungen hoch und denken Sie quer.

2.2 Durch Positionierung zur Marke

Eine klare Spezialisierung ist der erste Schritt zur Markenbildung. Teure Marketingmaßnahmen im großen

Umfang sind dafür nicht nötig – auch wenn das fälschlicherweise oft angenommen wird!
Die Unternehmen, die zu erfolgreichen Marken wurden, hatten am Anfang ihrer Geschäftsgründung erst einmal ganz andere Ziele, als „groß", „Weltmarktführer" oder „Global Player" zu werden. Vielmehr war es ihr Ziel, mit einer guten Geschäftsidee eine hohe Anziehungskraft zu erreichen, einen neuen Markt zu schaffen, Gewinne einzufahren und zu expandieren. *McDonald's* ist ein gutes Beispiel für die Strategie der frühen Anfänge. 1955 eröffnete Raymond Albert Kroc in Illinois das erste Schnellrestaurant, ein kleines unscheinbares Ladenlokal. Erst nachdem die neuartige Geschäftsidee des Schnellrestaurants im Markt angenommen worden war und die Menschen vor den Läden Schlange standen, setzte der gezielte und konsequente Markenaufbau ein. Mit 30.000 Restaurants in 119 Staaten und täglich 47 Millionen Mahlzeiten expandierte das Unternehmen schließlich weltweit zum erfolgreichsten Franchise-Unternehmen.

Nicht teure Marketingmaßnahmen im großen Umfang sind der erste Schritt zur Markenbildung, sondern eine klare Spezialisierung.

Nicht immer sind Jahrzehnte notwendig, um eine Marke aufzubauen, wie es bei *Mc Donald's, Coca-Cola, BMW* usw. der Fall war. Vielen gelingt dies heute in erheblich kürzerer Zeit. Man denke z.B. an die New Economy mit *Yahoo, Amazon, Ebay* oder *AOL*. Das große Geheimnis der erfolgreichen Positionierung und des Markenaufbaus ist die Kontinuität und die Konsequenz, auf dem eingeschlagenen Weg weiter fortzuschreiten.

Positionierung und Markenidentität

Die Kommunikation der Positionierung steht beim Markenaufbau im Mittelpunkt. Hier liegt eine potenzielle Schwäche vieler Unternehmen. Die Positionierung einer Marke ist das strategische Herzstück der Markenpolitik. Um eine Marke aufzubauen, ist es unerlässlich, die konkrete Positionierung bzw. Alleinstellung in jeder Kommunikation mit dem Markennamen zu verbinden, um die Markenidentität zu etablieren. Alle Maßnahmen wie Produkt-, Preis-, Vertriebs- und Kommunikationspolitik müssen zielgerichtet aufeinander abgestimmt werden. Hier sind Themen wir Corporate Design und Corporate Identity wichtige Bausteine.

Vorteile einer starken Marke

- Geringere Marketingaufwendungen, da die Marke Bekanntheit und Kundentreue garantiert.
- Größere Verhandlungsstärke gegenüber Partnern und Lieferanten.
- Höherer Deckungsbeitrag, weil die Kunden mit der Marke eine höhere Qualität und einen größeren Nutzen assoziieren.
- Schutz gegen den reinen Preiswettbewerb, wenn die Marke ein Alleinstellungsmerkmal darstellt.

Zusätzlich wird die Marke künftig als immaterielles Vermögen eine immer größere Bedeutung erlangen. Schon heute liegt bei vielen Unternehmen der Markenwert höher als der Sachwert.

Positionierung kommt vor dem Marketing

Positionierung, Branding und USP (unique selling proposition = einzigartiges Verkaufsargument) werden oft dem Marketing zugeordnet. Ich möchte die Begriffe „Marketing" und „Positionierung" jedoch trennen. Die Positionierung geht dem Marketing immer voran! Ist die Positionierungsstrategie vorhanden, so können daraus die notwendigen Marketingmaßnahmen abgeleitet werden. Umgekehrt vorzugehen und mit dem Marketing zu beginnen, zäumt jedoch das Pferd vom Schwanz auf. Aus der Marketingperspektive einen USP zu entwickeln, engt Ihre Kreativität ein und ist eine sehr einseitige, wenn auch weit verbreitete Vorgehensweise.

- ***Der erste Schritt zur Positionierung besteht darin, ein Bedürfnis Ihrer Kunden besonders gut zu befriedigen.***
- ***Versuchen Sie, Ihre Kreativität zu erweitern, indem Sie quer denken.***
- ***Eine klare Positionierung ist die Voraussetzung für Markenbildung.***

30 MINUTEN

Ist Ihnen bewusst, welche Vorteile eine klare Spezialisierung mit sich bringt?

Seite 28

Wissen Sie, wie spezialisiert Sie bereits sind?

Seite 31

Kennen Sie Ihre Zielgruppe?

Seite 34

3. Durch Spezialisierung zur Positionierung

Spezialisierung ist die Königsdisziplin, die zur Positionierung führt. Es gibt mehrere verschiedene Strategien bzw. mehrere Kriterien, mit denen sich ein Unternehmen spezialisieren kann:

- Spezialisierung auf Wissen,
- Spezialisierung auf Zielgruppen,
- Spezialisierung auf Problemlösungen,
- soziale oder technische Spezialisierung und
- Produktspezialisierung.

Auch eine Kombination mehrerer Spezialisierungsstrategien ist möglich und oft auch unternehmerisch sinnvoll.

3.1 Vorteile der Spezialisierung

Spezialisten, die sich auf einen klar abgegrenzten Bereich konzentrieren, bieten bessere oder ungewöhnlichere Leistungen als Allrounder. Spezialisierung führt bei produzierenden Unternehmen dazu, dass mit deutlich weniger Energie produziert wird, die Produktivität und die Effektivität steigen, die Kosten sinken und größere Rationalisierungsvorteile entstehen. Eine breite Angebotspalette ohne Spezialisierung hingegen erfordert höhere Kosten, eine größere Lagerbreite, einen größeren Maschinenpark und vieles andere mehr.

Höhere Produktivität

Produzierende Unternehmen, die sich spezialisieren, erzielen mit geringerem Mitteleinsatz – also effizienter – eine höhere Produktivität.

Aber auch nicht produzierende Unternehmen, wie z.B. Berater und Dienstleister, profitieren von einer Spezialisierung: Je öfter gleiche oder ähnliche komplexe Aufgaben erarbeitet werden müssen, desto schneller und professioneller können sie ausgeführt werden und desto höher ist der Deckungsbeitrag. Auch bei geistigen Arbeiten, wie sie viele Dienstleister ausüben, ergeben sich Rationalisierungsvorteile, da durch wiederholte Abläufe gleicher oder ähnlicher Aufgaben eine Routine entsteht, die zu Lerngewinnen und größerer Effektivität führt.

Höhere Problemlösungskompetenz für eine Zielgruppe

Der Spezialist erreicht eine höhere und sichere Problemlösungskompetenz. Er weiß in einem kleinen ausgewählten Bereich vieles, während der Allrounder von allem immer nur wenig weiß. Der Spezialist hat zwar nur einen kleinen Aufgabenbereich, dafür verdoppelt sich in vielen Gebieten alle drei Jahre sein Wissen. Er muss auch nicht mit der ständigen Informationsüberflutung kämpfen, denn seine Aufmerksamkeit ist klar auf sein jeweiliges Wissensgebiet fokussiert.

Qualität wird vorausgesetzt

Unternehmen behaupten gerne pauschal, sie böten ihren Kunden „Qualität", und dies sei ihr besonderes Merkmal, mit dem sie sich von anderen abhöben. Doch Qualität allein ist kein ausreichendes Unterscheidungsmerkmal, um sich von der Konkurrenz abzugrenzen! Denn auch sämtliche Mitwerber behaupten jederzeit von sich, „Qualität" zu liefern.
Der Kunde will vielmehr wissen, was Sie von den anderen Anbietern unterscheidet. Die entscheidende Frage lautet: *Was bekommt der Kunde nur bei Ihnen, aber bei keinem anderen?* Im Zweifelsfalle wählt der Kunde lieber einen Anbieter, der anders ist. Anders kann man durch Spezialisierung werden.

Diversifikation führt nicht weiter

Wenn Sie erfolgreiche Unternehmen einmal genauer unter die Lupe nehmen, werden Sie schnell feststellen, dass sie fast alle etwas gemeinsam haben: Sie sind spezialisiert! Sie konzentrieren sich auf *ein* Gebiet – *ein* Produkt, *eine* Zielgruppe, *eine* Problemlösung usw. – und erlangen dadurch auf diesem Gebiet Expertenstatus. Die Spezialisierung hat gegenüber der Diversifikation große Vorteile: Sie gewinnen schneller und zielorientierter wesentlich höhere Lernerfolge und Lernerfahrungen als jemand, der auf mehreren Hochzeiten gleichzeitig tanzt. Sie wissen genau, wo Ihren Kunden „der Schuh drückt", und können passgenaue Problemlösungen anbieten, mit denen Sie der Konkurrenz überlegen sind, weil Sie einen deutlich höheren Nutzen bieten.

Ihre Vision – möglich durch Spezialisierung

Stellen Sie sich vor, Sie legen den Hebel um und haben ab morgen ein Alleinstellungsmerkmal am Markt. Sie richten sich auf eine Zielgruppe aus, sind in Ihrer Branche der Experte, und plötzlich haben Sie Kundenwarteschlangen vor Ihrer Tür. Man redet über Sie. Sie werden weitergereicht. Kunden sind bereit, für Ihre Leistung mehr zu bezahlen. Ihr Know-how vergrößert sich gegenüber Ihren Mitbewerbern, Sie werden ein interessanter Ansprechpartner, und hochkarätige Kunden suchen Ihren Rat. Andere Unternehmen möchten mit Ihnen kooperieren und öffnen Ihnen den Zugang zu ihren Zielgruppen. Die Kundenbindung steigt, und Sie machen Ihre Geschäfte zu 90 Prozent mit Stammkunden. Neukunden kommen auf Empfehlung, und Ihr Werbebudget setzen Sie hauptsächlich ein, um sich bei den Kunden zu entschuldigen, die Sie aufgrund der vielen Nachfragen nicht bedienen können. Ihre Angst ist nicht der schrumpfende Markt, sondern wie Sie sinnvoll expandieren. Sie sagen „Nein" zu Herausforderungen, die nicht zu Ihrer Kernkompetenz gehören. Sie sind anders und außergewöhnlich und Ihre Kunden bekommen bei Ihnen das, was sie woanders nicht bekommen. Sie sind der Marktführer in Ihrem Marktsegment.

Marktführerschaft – mit allen damit verbundenen Vorteilen – können Sie nur durch Spezialisierung erreichen, und zwar unabhängig von Ihrer Unternehmensgröße und Ihrer Branche. 30

3.2 Wie spezialisiert sind Sie?

Führen Sie sich anhand der folgenden Fragen vor Augen, wie spezialisiert Sie bereits sind. Beantworten Sie jede Frage schriftlich, denn dadurch sind Sie gezwungen, Ihre Gedanken klar zu formulieren. Und das hilft Ihnen bei Ihrer Positionierung.

Fragen an den Leser

1. Was ist Ihre besondere Alleinstellung, und was macht diese unwiderstehlich?
2. Was bekommt der Kunde nur bei Ihnen, aber bei keinem anderen?
3. Können Sie aus Ihrer Spezialisierung Rationalisierungspotenzial ableiten?
4. Welche weiteren Zukunftspotenziale bietet Ihre Spezialisierung?
5. Steht Ihre Alleinstellung bzw. Spezialisierung immer im Vordergrund Ihrer Kommunikation, Ihrer Marketingmaßnahmen und Vertriebsgespräche?

Wenn Sie in die Austauschbarkeits- oder Preisfalle geraten sind:

1. Wie und in welchen Teileigenschaften unterscheidet sich Ihr Produkt oder Ihre Leistung von denen der Mitbewerber?
2. In welchem Bereich bzw. bei welcher Zielgruppe ist Ihr Marktanteil am größten?
3. Zu welcher Zielgruppe besteht eine besondere Beziehung?
4. Welche Produkte/Services, die Sie nicht anbieten, wurden von Kunden bereits mehrfach verlangt?
5. Welche Probleme lösen Sie bereits und welche könnten noch besser gelöst werden, wenn Sie sich darauf spezialisieren würden?
6. Aus welchen zusätzlich bestehenden Leistungen oder Stärken lässt sich eine Spezialisierung ableiten?

7. Verfügen Sie bereits in einem Gebiet über ein hohes Wissen, das Sie nebenbei weitergeben und von dem Ihre Kunden profitieren? Welche Möglichkeiten bestehen, daraus und/oder in Kombination mit anderen Stärken ein neues Produkt oder eine neue Leistung anzubieten?
8. Womit oder wie können Sie Ihrer Zielgruppe einen zwingenden Nutzen bieten?
9. Was trauen Ihnen Ihre Kunden noch bzw. vor allem zu?
10. Was könnte Ihr Unternehmen außerdem noch anbieten, und welche Spezialisierungsmöglichkeiten bieten sich an?
11. Was würden Sie am liebsten tun? Wer könnte sich dafür interessieren?

Lesen Sie Ihre Antworten jeden Monat erneut durch. Sie werden feststellen, dass Sie einige Punkte schon umgesetzt haben. Auf diese Weise wird Ihnen Ihr Fortschritt kontinuierlich vor Augen geführt, was natürlich motiviert, und zugleich richten Sie immer Ihren Blick auf Ihr Ziel: die Positionierung Ihres Unternehmens im Markt!

3.3 Zielgruppendefinition – die Basis für Ihren Erfolg

„Wer nicht in Zielgruppen denkt, denkt gar nicht."
(Ted Levitt, amerikanischer Management-Professor)
Wenn Sie die Nummer eins im Kopf Ihrer Kunden werden möchten, müssen Sie zuerst wissen, für welche Zielgruppe Sie tätig sein wollen. Das Ziel ist niemals der „Supermarkt", in dem ein Produkt verkauft werden soll, sondern der Kopf einer klar definierten Zielgruppe. Die Konzentration auf eine ganz bestimmte Zielgruppe und deren Bedürfnisse ist daher der erste Schritt zum Erfolg. Statt unterschiedliche Käufergruppen mit heterogenen Bedürfnissen oberflächlich zu bedienen, wird nur eine einzige Zielgruppe bedient – und zwar mit einem Angebot, das in die Tiefe geht, genau auf ihre Wünsche zugeschnitten ist und dadurch einen herausragenden Nutzen bietet.

Bei einer Nischen-Zielgruppe beginnen – und von dort aus wachsen

Die Zielgruppenanalyse bietet Ihnen die Möglichkeit, einen scheinbar unüberschaubaren Markt in kleine, leichter beherrschbare Teilmärkte zu untergliedern. Dabei haben Sie die Chance, neue Markt- und Positionierungsnischen oder neue Verwenderzielgruppen zu finden. Für jedes Unternehmen – auch für ganz kleine – lässt sich eine Nischenzielgruppe finden, die groß genug ist, um zu wachsen, aber für Mitbewerber zu

unwirtschaftlich oder unattraktiv ist, um sie zu bearbeiten. Marktnischen findet man nicht in den großen Massenmärkten, sondern in den Lücken „dazwischen".
Lassen Sie sich nicht durch den Ausdruck „kleine Nischen" täuschen! Zielgruppen- und Nischenspezialisierung bedeutet nicht, dass Sie immer in einem kleinen Markt mit geringen Umsatzchancen bleiben müssen im Gegenteil: Gerade die kleinen Nischen bieten die größten Gewinnspannen.
Wenn Sie eine neue Positionierungsnische gefunden haben, bleiben Sie darauf konzentriert. Dringen Sie spitz und konzentriert in den Markt ein, statt sich zu verzetteln. Je kleiner die gewählte Nische ist, desto leichter ist es, der Erste zu sein und desto leichter haben Sie es, neue Kunden zu gewinnen. Sie können zielgruppenorientiert kommunizieren und sind glaubwürdiger als ein Wettbewerber, der eine breitere Zielgruppe ansprechen möchte.

Kleine Zielgruppen sind nicht zu klein

Die Annahme, eine Zielgruppe sei „zu klein", um mit ihr rentable Geschäfte zu machen, ist einer der häufigsten Trugschlüsse, denen Unternehmen mit Angst vor Spezialisierung immer wieder unterliegen! Fast jede Zielgruppe ist größer, als man zunächst annimmt, was aber bei oberflächlicher Marktbetrachtung infolge eines breiten Sortimentsangebots nicht erkannt wird.

Auf eine Leidens-Zielgruppe fokussieren

Besonderen Erfolg verspricht die Konzentration auf eine Leidens-Zielgruppe. Diese ist wiederum ein Teil Ihrer Zielgruppe, die aber unter einem bestimmten Zustand leidet. Und für genau diesen versprechen Sie Abhilfe!

Dazu ein Beispiel: Die Firma *SI Projects* bot Intranetlösungen an. Anfangs lief das Geschäft gut, doch schon bald steckte das Unternehmen in der Preis- und Austauschbarkeitsfalle. Wie konnte es sich von seinen Mitbewerbern abheben? In einem Workshop erarbeiteten wir das Stärkenprofil: SI Projects hatte aufgrund seiner bisherigen Aufträge besonderes Know-how bei der Zielgruppe der Franchisegeber. Als besondere Leidens-Zielgruppe ermittelten wir die Franchisegeber, die die Grenze von 25 Franchisenehmern nicht schaffen. Das sind immerhin 30 bis 40 Prozent aller Franchisegeber. Der Geschäftsführer von SI Projects schrieb zunächst ein Buch mit dem Titel „Der Weg zum erfolgreichen Franchisegeber – wie Sie die magische Grenze von 25 Franchisepartnern überwinden“. Durch eine intelligente Kooperationsstrategie kostete die Herstellung des Buches keinen Cent. Bei Zielgruppenbesitzern, wie zum Beispiel dem Franchiseverband, hielt er innerhalb kürzester Zeit Vorträge, und zusätzliche Presseberichte machten das Unternehmen schnell als Experten bekannt. Der Erfolg stellte sich bereits nach vier Monaten ein: Über 100 Prozent mehr Umsatz und 400 Prozent mehr Interessenten.

Hieran zeigt sich deutlich der Vorteil der Zielgruppen-Spezialisierung: Wer seine Zielgruppe gut kennt und über das notwendige Hintergrundwissen verfügt, kann ihr eine Problemlösung mit einem herausragenden, ja zwingenden Nutzen bieten. Damit erhöht sich automatisch auch die Anziehungskraft des Anbieters auf diese Zielgruppe.

30

Eine erfolgreiche Positionierung setzt die Spezialisierung des Unternehmens voraus. Wer mit einem Bauchladenangebot auftritt, kann sich nicht eindeutig positionieren. Spezialisierung hat viele Vorteile:

- ***Produktivität und Effektivität steigen und die Bedürfnisse der Kunden können besser erfüllt werden.***
- ***Wichtig ist, zunächst seine Zielgruppe genau zu definieren: Schneiden Sie Ihr Angebot genau auf diese zu.***
- ***Auf diese Weise dringen Sie spitz in den Markt ein. Haben Sie erst einmal Ihren Platz gefunden, können Sie neue Zielgruppen ansprechen, indem Sie Ihr Angebot erweitern.***

30 MINUTEN

Wie erfolgreich kann eine Positionierung über den Preis sein?

Seite 39

Wissen Sie, wie Sie einem Produkt eine virtuelle Qualität zuschreiben können?

Seite 45

Sind Ihnen die Vorteile der Joint-Venture-Strategie bekannt?

Seite 51

4. Erfolgreiche Produkt-Positionierungsstrategien

Ihre Zielgruppe haben Sie mithilfe des vorhergehenden Kapitels definiert; nun gilt es noch festzulegen, mit welcher Strategie Sie Ihr Produkt aus der Menge herausragen lassen – und damit besser verkaufen.

4.1 Positionierung über den Preis

Diese Strategie – billiger zu sein als die Wettbewerber – wird häufig verfolgt und scheint auf den ersten Blick der einfachste Weg zu sein, um seine Konkurrenten abzuhängen. Doch hat man sich einmal für die Preispositionierung entschieden, so hat man auch gleichzeitig eine der untersten Schubladen geöffnet. Denn es ist in diesem Falle immer möglich, noch billiger zu werden, aber kaum, wieder teurer zu werden. Das heißt letztlich, dass durch die Preissenkungen die Gewinnmargen immer weiter zusammenschmelzen – bis sie schließlich gleich null sind und das Unternehmen schlimmstenfalls wegen fehlender Rentabilität schließen muss. »*Wenn dir nichts anderes mehr einfällt, dann reduziere den Preis!*« (Tom Ramoser)

Experten gehen davon aus, dass die Tage der extremen Preisnachlässe gezählt sind. Dafür sehen sie eine Reihe von Gründen. So werden immer mehr Konsumenten rabattmüde. Fazit der Verbraucherbefragung einer Lebensmittelzeitschrift: Rabattaktionen vermiesen die Freude am Einkauf. So lösen zum Beispiel Nachlässe eher Frust aus, wenn der Kunde sein vermeintliches Schnäppchen in einem anderen Geschäft noch preiswerter entdeckt.

Billig = wertlos?

Außerdem lassen Preissenkungen den Wert der erworbenen Ware niedriger erscheinen, als er tatsächlich ist. Im dauernden Schnäppchenhaschen verliert der Käufer das Gefühl dafür, wann er etwas wirklich Wertvolles erworben hat. Was billig ist, taugt im Grunde nichts – dies ist ein tief verankertes Vorurteil vieler Menschen.

Die »*Kauf mich, ich bin so billig*«-Strategie zeigt in den USA bereits ihre Schwächen. Viele Discounter und andere Niedrigpreisketten haben sehr zu kämpfen und sogar deutlich Umsätze im Vergleich zum Vorjahr verloren. Die Kaufhauskette *Neiman Marcus* und der Lifestyle-Retailer *Sharper Image* melden dagegen große Umsatzzuwächse. So unterschiedlich die beiden Händler sind, eines haben sie gemeinsam: Der Preis ist nicht Bestandteil ihrer Positionierung – ganz im Gegenteil.

„Wer vom Preis lebt, stirbt mit dem Preis", heißt es in Amerika.
Zwar haben die Leute heute im Durchschnitt weniger Geld als früher, aber sie geben immer noch unglaubliche Summen für das aus, was sie wirklich haben wollen. *Eminem* beispielsweise schafft es, sein Album für 42 Euro zu vermarkten, während der DVD-Player von *Sony* im gleichen Laden für 59 Euro angeboten wird.

Die Positionierung über den Preis ist eines der 30
letzten Mittel, das man nur eingeschränkt empfehlen kann, da es sich um eine Einbahnstraße in Richtung „noch billiger" handelt. Bevor Sie sich über den Preis positionieren, sollten Sie zuerst darüber nachdenken, ob nicht eine andere Strategie besser und langfristig wirkungsvoller ist.

4.2 Positionierung mit einem Pionierprodukt

Piloniercharakter hat ein Produkt oder eine Dienstleistung, das oder die in seiner Marktnische etwas völlig Neues bietet. Pionierprodukte oder -dienstleistungen sind immer die Ersten im Markt und haben die größten Wachstumschancen.
Ob Pionierprodukt oder Pionierleistung, alle haben als die Ersten im Kopf der Zielgruppe ein neues Fenster geöffnet – eines, das vor ihnen noch niemand besetzt

hatte. Ein Pionierprodukt bietet daher mit Abstand die beste und ideale Voraussetzung, um erfolgreich zu werden. Denn es startet immer mit viel Presserummel auf einem „jungfräulichen" Markt.

Vorteile eines Pionierprodukts

- Ihr Produkt hebt sich von all den Me-Too-Konkurrenten ab und hat ein Alleinstellungsmerkmal.
- Sie eröffnen einen neuen Markt mit veränderten Käufererwartungen, der schnell wachsen kann.
- Sie haben beste Voraussetzungen, um eine neue Marke zu entwickeln.

Voraussetzungen

Die erste Voraussetzung für Pionierprodukte ist, dass Sie – auf Ihren besonderen Stärken bzw. Ihrer Kernkompetenz aufbauend – nach Marktnischen Ausschau halten. Die zweite wichtige Voraussetzung ist eine Änderung der Denkrichtung. Denn das größte Problem bei der Suche nach einem Pionierprodukt ist das Denken in Kategorien des eigenen Vorteils und der Gewinnsteigerung. Lösen Sie sich von diesen Begrenzungen und denken Sie zielgruppenorientiert. Ein Pionierprodukt finden Sie nur dann, wenn im Mittelpunkt Ihres Denkens die Frage steht: Welche Probleme, Ziele und Wünsche, für die noch keiner eine Lösung anbietet, hat meine Zielgruppe? Wie kann ich den Nutzen meiner oder einer anderen Zielgruppe mit meinen Stärken steigern?

Sich an den tatsächlichen Bedürfnissen orientieren

Marktnischenorientierung und Nutzenoptimierung sind die stärksten Waffen der flexiblen kleinen und mittelständischen Unternehmen. Wichtig hierbei ist aber, dass sich jede Verbesserung an den konkreten Marktbedürfnissen orientiert. Jedes Problem Ihrer Zielgruppe kann eine Chance für Ihr Unternehmen sein. Die Definition der Zielgruppen und deren brennendster Probleme sind die wichtigsten Faktoren für Ihre Strategie. Ebenso wichtig ist der kontinuierliche Dialog mit den Zielgruppen. Denn keine andere Quelle kann zuverlässiger Auskunft geben über die tatsächlichen Bedürfnisse und den Bedarf des Marktes als der Markt selbst.

Das Denken in Nutzen- statt in Gewinnmaximierung führt Sie zwangsläufig in die Köpfe Ihrer Zielgruppe. Haben Sie am Ende ein verkaufsfähiges Pionierprodukt, das einen zwingenden Nutzen bietet, so brauchen Sie sich um die Gewinnmaximierung keine Gedanken mehr zu machen.

Fragen an den Leser

Können Sie Ihre Stärken so ausbauen, dass Sie ein neues Produkt entwickeln, mit dem Sie eine Marktnische besetzen können? Beantworten Sie sorgfältig jede Frage, um Ihr Potenzial zu eruieren.

1. Was sind die größten Probleme Ihrer Zielgruppe (materiell und immateriell)?

2. Definieren Sie die Probleme auch aus der Fragestellung: Was sind die größten Ziele und Wünsche Ihrer Zielgruppe? Berücksichtigen Sie dabei alle Bereiche, wie z.B. Marktsituation und Wettbewerb, interne Probleme und Vertrieb, Sicherheit und Reklamation, deren Zielgruppen, Know-how etc.
3. Mit welcher besonderen zielgruppenorientierten Problemlösung können Sie eine Nische besetzen?
4. Welche grundsätzlichen Verbesserungsmöglichkeiten sehen Sie in Ihrer Kategorie?
5. Mit welcher Kernstärke könnten Sie eine innovative Pionierprodukt- oder Dienstleistungskategorie aufbauen? (Suchen Sie sich am besten ein kleines und überschaubares Marktsegment.)
6. In welcher Kategorie hätten Sie außerdem noch Chancen?
7. Was ist das Alleinstellungsmerkmal? Welchen Nutzen bieten Sie dann für welche Zielgruppe?
8. Welches Wachstumspotenzial hätte Ihr Produkt in der neuen Kategorie? Hat die neue Kategorie mehr Potenzial bzw. Gewinnchancen als die bisherige?
9. Wie ist die Wettbewerbssituation? Mit wem oder womit konkurriert Ihr Produkt oder Ihre Dienstleistung?
10. Was könnte Ihre Zielgruppe davon abhalten, Ihr Angebot anzunehmen?
11. Wann würde Ihre Zielgruppe Ihr Angebot auf jeden Fall annehmen?

Die Positionierung mit einem Pionierprodukt ist relativ einfach, da Sie per se ein Alleinstellungsmerkmal haben. Sie bieten etwas an, was es noch nicht gab. Achten Sie darauf, Ihre Position zu verteidigen, auch wenn Nachahmer auf den Markt drängen. Auch über Patentschutz sollten Sie nachdenken.

4.3 Positionierung über die virtuelle Qualität eines Produkts

Die virtuelle Qualität von Produkten ist oft stärker als die faktische, die nachweisliche und nachvollziehbare Qualität.

„Virtuell" bedeutet, dass ein Produkt im Kopf der Zielgruppe als anders, einzigartig oder neu wahrgenommen wird, ohne dass sich das Produkt tatsächlich verändern muss. Lediglich Verpackung, Preis, Name etc. können variieren.

Qualität ist bei vielen Produkten sehr schwer wahrnehmbar. Der Verbraucher kann mit seinen fünf Sinnen die geringfügigen Qualitätsunterschiede vieler Warengruppen immer weniger beurteilen. Die Freunde der Zigarettenmarke Marlboro z.B. sind davon überzeugt, dass ihre Marke besser schmeckt als andere. Aber im Blindtest erkennt kaum jemand seine eigene Marke wieder. Dies führt zu der wichtigen Erkenntnis:

In den Köpfen der Verbraucher ist ein virtueller Produktnutzen häufig genauso real und befriedigend wie ein faktisch nachweisbarer Produktnutzen, und zwar nicht nur kurzfristig, sondern auch auf Dauer.

Gefühle, die man mit einem Produkt verbindet, sind wichtig

Der Positionierungserfolg eines Produkts hängt daher nicht immer von der faktischen Qualität oder einem Alleinstellungsmerkmal ab. Diejenigen, deren Produkte austauschbar oder sogar schlechter sind, haben eine Chance, sich im Markt zu behaupten, wenn sie sich richtig darstellen.

Die Produkt-Positionierungsstrategie heißt in diesem Fall nicht unbedingt, etwas Neues oder Einmaliges zu schaffen – obwohl dies natürlich möglich ist –, sondern nutzt auch vorhandene Gedanken, gestaltet sie um und verknüpft sie zu neuen Assoziationen. Ein besonderes Merkmal funktioniert am besten, wenn es im Kopf schlagartig die Assoziation überlegener Qualität oder eines Mehrwertes hervorruft. Das besondere Merkmal sollte das Zentrum der Kommunikation bilden.

Immer wenn der Verbraucher sich zwischen austauschbaren Produkten entscheiden muss, sucht er zielstrebig nach Merkmalen, die ihm das befriedigende Gefühl geben, die bestmögliche Kaufentscheidung gefällt zu haben. Findet er kein solches Merkmal, so entscheidet für ihn der Preis.

Mit der richtigen Positionierungsstrategie kann man aus so gut wie jedem austauschbaren Produkt eine Marke machen. Es kommt nur darauf an, dass man etwas richtig und glaubhaft, idealerweise mit einem zwingenden Nutzen, positioniert.
Nicht alle besonders erfolgreichen Innovationen sind von großem öffentlichen Interesse. Auch kleine reale oder virtuelle Verbesserungen können, richtig positioniert, als besonderer Mehrnutzen wahrgenommen werden und den Markenwert steigern.

Virtuelle Positionierung ist stärker als Fakten

Selbst mit Fakten und Beweisen kommt man gegen den virtuellen Qualitätsglauben nicht an. Zwei Beispiele: Als *Stiftung Warentest* nachwies, dass eine billige Gesichtscreme aus dem Supermarkt faktisch von besserer Qualität ist als diverse hochwertig positionierte Wettbewerbsprodukte zum vielfachen Preis, führte dies nur zu geringfügigen Marktanteilsveränderungen, aber nicht zu einem Niedergang der teuren Marken.
Ein billiges No-Name-Papiertaschentuch, dem *Stiftung Warentest* eine sehr gute faktische Qualität bescheinigt, würde kaum die Chance haben, den Marktführer *Tempo* zu verdrängen. Denn die Bindung an die Erstmarke ist mittlerweile so stark, dass selbst anerkannte Testinstitutionen gegen das Vertrauen in die Qualität und die Markentreue nicht ankommen. Der Markenname wurde zu einem Begriff und wurde als das Beste wahrgenommen und abgespeichert.

Die Stärke eines virtuellen Vorteils

Die Zukunft gehört sicherlich den virtuellen Positionierungsstrategien. Um sie zu entwickeln, wird die Schlüsselfrage nicht mehr lauten: „Wie unterscheidet sich mein Produkt von dem der Wettbewerber?", sondern: „Welches ist der relevanteste virtuelle Nutzen, der in den Köpfen der Verbraucher noch nicht besetzt ist?" Dabei werden emotionale, persönliche und soziale Nutzenkonzepte gleichermaßen berücksichtigt.
Der virtuelle Nutzen ist oft glaubwürdiger und stabiler als ein faktischer Produktvorteil! Letzterer wird, da in der Regel überprüfbar, misstrauisch und kritisch vom Verstand des Verbrauchers analysiert, bevor er seine Wirkung entfalten kann. Der virtuelle Nutzen hingegen umschifft den Verstand und schlägt seine Wurzeln im Unterbewusstsein.

Positionierung für eine neue Verwenderzielgruppe

Eine virtuelle Neupositionierung können Sie auch erreichen, indem Sie die Verwenderzielgruppe neu definieren: Eukalyptusbonbons, die im Bonbonregal stehen, sind Bonbons. Stehen sie jedoch bei den Erkältungsprodukten, werden sie als Heilmittel wahrgenommen. Integriert man in Bonbons lebenswichtige Vitamine und Spurenelemente, so haben sie die Chance, als Nahrungsergänzungen erkannt zu werden. Bonbons mit Aufputschmitteln wie Koffein werden zu Muntermachern.

Der Markterfolg eines Produkts hängt also entscheidend von der Wahrnehmung des Verbrauchers ab. Diese bestimmt die Positionierung des Produkts. Das Prinzip der Positionierung für eine neue Verwenderzielgruppe besteht darin, entweder eine Marke aus einer geistigen Denkschublade herauszunehmen und sie in eine andere hineinzustecken oder sie mit neuen Eigenschaften und neuen Verwendungsmoglichkeiten anzubieten. Auch schon durch kleine Veränderungen am Produkt kann man den Weg zu einer neuen Verwenderzielgruppe öffnen.

Beispiel „Gervais Obstgarten"

Wer kennt nicht die Werbespots von Gervais Obstgarten? Jemand isst eine schwere Zwischenmahlzeit und kracht samt Stuhl durch den Fußboden. Die Strategie dieses Spots wird deutlich, wenn man die damalige Marktsituation analysiert: Die kleine geistige Schublade der Desserts war überfüllt mit Joghurt-, Pudding- und Quarksorten, sodass Gervais Obstgarten unter massiven Druck geriet. Die Positionierung „Geschmack, Gesundheit und Genuss" war ausgereizt. Nach reiflicher Überlegung entschied man sich, in die Schublade der „leichten Zwischenmahlzeit" hineinzugehen, und wählte als Feindbild die schwere und fetthaltige Fastfood-Kost wie Pommes Frites, Hamburger, Döner oder Currywurst. Diese neue Kategorie eröffnete grundlegende Chancen:

1. Gervais Obstgarten war mit einem Schlag in einem viel größeren Markt, denn Zwischenmahlzeiten werden überall und jederzeit konsumiert.
2. Im Vergleich zu kalorienhaltigen Imbissangeboten konnte Gervais eine völlig neue Alleinstellung beanspruchen: die leichte Alternative.
3. Gleichzeitig blieb der Markt des Desserts erhalten. Erfolg: Zwischen 1978 und 1985 stieg der Umsatz um mehr als 150%.

Wenn Sie bewusst die Werbestrategien verfolgen, werden Sie feststellen, dass immer mehr Unternehmen versuchen, ihre Produkte virtuell neu zu platzieren, um weitere Zielgruppen für ihre Produkte zu begeistern. Um Ihrem Produkt einen herausragenden virtuellen Nutzen zu verleihen, müssen Sie in den Kopf der Verbraucher schlüpfen: Wie sehen sie Ihr Produkt? Und welche weiteren Zielgruppen lassen sich erreichen?

Fragen an den Leser

1. Welchen Wert misst der Verbraucher Ihrem Produkt bei?
2. Mit welchem Wettbewerbsprodukt vergleicht er Ihr Produkt – oder ist es eine Alternative?
3. Wann, wo und wie häufig benutzt er Ihr Produkt?
4. Welches Wachstumspotenzial hat Ihr Produkt im bestehenden Markt?
5. In welchem Verwendungsumfeld hätte Ihr Produkt außerdem noch Chancen?

6. Welches Wachstumspotenzial hätte Ihr Produkt in dem neuen Verwendungsumfeld?
7. Mit welchen Produkten und Erwartungen konkurriert Ihr Produkt in dem neuen Verwendungsumfeld?
8. Welche Eigenschaften Ihres Produkts können Sie hervorheben, um einen anderen virtuellen Aspekt zu betonen?
9. Kann Ihr Produkt ernsthaft in der neuen Kategorie bestehen und ist es den dort herrschenden Qualitätskriterien und Ansprüchen der Verbraucher gewachsen?
10. Kann eine kleine Veränderung den Weg zu einer neuen Zielgruppe öffnen?

Ein Produkt lässt sich gut positionieren, indem man ihm eine virtuelle Qualität verleiht. Das heißt, das Produkt wird im Kopf der Zielgruppe anders – als einmalig und horvorragend – wahrgenommen, ohne dass es tatsächlich verändert wird. Eine virtuelle Qualität kann man besonders gut schaffen, indem man ein Produkt mit positiven Gefühlen verbindet. 30

4.4 Positionierung über Joint-Venture-Strategien

Joint-Venture-Marketing ist eine der kostengünstigsten und effektivsten Neukundengewinnungs-Strategien der Zukunft. Die Joint-Venture-Marketingstrategien beruhen darauf, die vorhandenen Kräfte des Marktumfelds für sich zu nutzen. Mit wenig Geld- und Zeiteinsatz kann man so seine Produkte oder Dienstleistungen erfolgreich vermarkten.

Als Joint-Venture-Marketing bezeichnet man eine Zusammenarbeit mit einem anderen Unternehmen, das Zielgruppen- bzw. Auftragsbesitzer für das eigene Unternehmen ist. In beiderseitigem Interesse kommt eine Zusammenarbeit zustande, indem man z.B. gegenseitig Empfehlungen ausspricht, die Zielgruppen austauscht und den Kunden des jeweils anderen Partners einen Mehrwert anbietet.

Beispiele erfolgreichen Joint-Venture-Marketings

Ein Künstler nutzt ein Café als Ausstellungsplattform, um seine Bilder anzubieten. Das Café kann sein Ambiente verändern und bekommt für jedes verkaufte Bild eine Provision. Auf den Tischen liegen Beschreibungen der Bilder mit den Preisen.

Ein Fitnesstrainer ergänzt das Seminar eines renommierten Zeitmanagementtrainers, indem er den Teilnehmern kurze und effektive Auflockerungsübungen vermittelt. Die Teilnehmer sind begeistert, und es dauert nicht lange, bis der Fitnesstrainer seine ersten eigenen Aufträge für individuelles Coaching und firmeninterne Seminare hat.

Die Beziehung zum Kunden ist wertvoll

Das größte Vermögen, das jedes Unternehmen besitzt, ist die Beziehung zu seinen Kunden. Tatsache ist, dass die meisten Unternehmen sehr viel Geld ausgeben, um neue Kunden zu gewinnen und eine Beziehung aufzubauen. Wie wäre es, wenn Sie von den Bemühungen anderer profitieren könnten?

Schauen Sie doch mal in Ihren E-Mail-Eingang. Vielleicht haben Sie einen Newsletter erhalten? Oder schauen Sie in Ihren Briefkasten. Vielleicht haben Sie einen Werbebrief von einem Versender erhalten? Diese Unternehmen bauen permanent neue Kundenbeziehungen auf.

Viele Firmen pflegen ihre Adresslisten und erweitern sie permanent. Es ist einfach, davon zu profitieren und den Kunden solcher Firmen Ihre Produkte zu verkaufen, sofern es auch Ihre Zielgruppe ist. Alles, was Sie tun müssen, ist, den Unternehmer zu fragen, ob er Ihre Produkte oder Dienstleistungen seinen Kunden vorstellt, und sich eine geschickte Strategie zum gegenseitigen Nutzen auszudenken. Voraussetzung ist, dass Sie und Ihr Joint-Venture-Partner gleiche oder ähnliche Zielgruppen haben, ohne miteinander zu konkurrieren.

Ihr Partner macht mit, wenn auch er profitieren kann. Für jeden erzielten Verkauf erhält er z.B. einen gewissen vereinbarten Provisionssatz oder Sie stellen seine Produkte oder Dienstleistungen im Gegenzug Ihren Kunden vor.

Für Unternehmensgründer geeignet

Auch als Einsteiger in einen Markt kann man Joint Venture-Marketing nutzen. Dazu ein Beispiel: Einige Studenten machten sich im Bereich Webdesign selbstständig. Sie stellten sich die Frage: Wie können wir die ersten Kunden akquirieren? Statt mühevoll mögliche Kunden anzusprechen und für ihr Produkt zu interessieren, überlegten sich die Studenten, wer schon über Kontakte zu ihrer Zielgruppe verfügt. Sie fanden ein Unternehmen und boten diesem an, seine Website kostenlos zu erstellen. Wenn das Unternehmen zufrieden sei mit ihrer Leistung, solle es sie doch bitte weiterempfehlen. Tatsächlich war das Unternehmen mit der Arbeit der Studenten sehr zufrieden und lobte deren Leistung bei seinen Geschäftspartnern. Das Ergebnis: Die Studenten konnten viele neue Aufträge an Land ziehen. Ohne großen finanziellen Aufwand und viel zielgerichteter als durch Kaltakquise hatte das Studentenunternehmen Kunden gewonnen.

Natürlich könnten Sie auch eine Adressliste kaufen oder mieten, aber wenn das kooperierende Unternehmen Sie vorstellt, dann können die Antwortquoten um das bis zum Zwanzigfachen gegenüber einem normalen Werbebrief gesteigert werden. Jay Abraham, einer der bestbezahlten Marketingberater in Amerika, sagt: Wenn er nur *eine* Marketingmethode anwenden dürfte, dann wäre es Joint-Venture-Marketing. Denn es ist eine der schnellsten und kostengünstigsten – teilweise sogar kostenlosen – Methoden, um an neue Kunden zu kommen.

Die größten Vorteile des Joint-Venture-Marketings

- Es ist im Vergleich zu anderen Marketingmethoden kostengünstig, teilweise sogar kostenlos.
- Sie kommen über Ihren Kooperationspartner leicht, mühelos und ohne Streuverluste an Ihre Zielgruppe, denn Ihr Kooperationspartner ist Zielgruppenbesitzer.
- Sie vermeiden die Kaltakquise, weil Ihr Kooperationspartner ja schon den Kontakt zu den Personen hat, die Sie erst noch als Kunden gewinnen wollen.

Mit Joint-Venture-Marketing haben Sie die Möglichkeit, das Geld, die Kunden, die Adresslisten, die Glaubwürdigkeit, die Produkte und den Einfluss Ihres kooperierenden Unternehmens zu nutzen, und zwar zum beiderseitigen Vorteil. Je besser Sie positioniert sind, desto interessanter sind Sie für Joint-Venture-Partner und desto eher werden diese Sie mit einem guten Gewissen weiterempfehlen.

Fragen und Tipps an den Leser

1. Stellen Sie eine Liste mit den Unternehmen auf, die ebenfalls Ihre Zielgruppe bedienen, aber in keinem Wettbewerb zu Ihnen stehen.
2. Wo trifft sich die Zielgruppe? Wo ist die Zielgruppe (noch) vernetzt?
3. Wer ist Zielgruppenbesitzer bzw. Auftragsbesitzer und würde Sie empfehlen? Welchen Nutzen hat er davon?

4. Wer ist Zielgruppenbesitzer und würde sein Angebot durch Ihre Leistung verbessern?
5. Wer ist Kompetenzträger?
6. Entwickeln Sie ein besonderes Angebot, das der Joint-Venture-Partner gerne bei seinen Kunden vorstellt.
7. Entwickeln Sie ein Win-win-Konzept für beide Seiten.
8. Erarbeiten Sie realistisch die Vorteile für den Joint-Venture-Partner, wenn Sie ihn bei Ihren Kunden weiterempfehlen.
9. Fixieren Sie eine Vereinbarung schriftlich (Zeitplan, Testphase, Kosten, Unterlagen etc.).
10. Schulen Sie die Vertriebspartner des Joint-Venture-Partners und lassen Sie Ihre Mitarbeiter über die Vorteile des Partners schulen.

30

Ein Produkt muss erfolgreich auf dem Markt positioniert werden, damit es seine Käufer findet. Dazu gibt es verschiedene Strategien:

- ***Die Positionierung über den Preis ist anfangs leicht zu realisieren, oft aber kurzsichtig, da man immer billiger werden muss, um die Konkurrenz zu unterbieten.***
- ***Hat man ein Pionierprodukt, besetzt man als Erster eine Marktnische. Versuchen Sie, Ihr Produkt als Marke zu etablieren, um langfristig Erfolg zu haben.***
- ***Ein Produkt kann positioniert werden, indem man ihm eine neue virtuelle Qualität zuweist. Das heißt, im Kopf der Zielgruppe besitzt das Produkt einen besonderen Nutzen, auch wenn es de facto von anderen kaum zu unterscheiden ist.***
- ***Bei Joint-Venture kooperieren zwei Unternehmen, um ihre Produkte auf dem Markt zu positionieren. Davon profitieren beide Seiten.***

30 MINUTEN

Kennen Sie die wichtigsten Wettbewerber Ihres Unternehmens und können Sie definieren, wie Sie sich jeweils von diesen unterscheiden?

Seite 67

Ist Ihnen bewusst, wo die besonderen Stärken Ihres Unternehmens liegen?

Seite 68

Wissen Sie, wie Sie mögliche Hemmschwellen von Kunden abbauen können?

Seite 77

5. In 12 Schritten zur erfolgreichen Positionierung

Dieses Kapitel bietet Ihnen eine konkrete Anleitung in 12 Schritten zur erfolgreichen Positionierung. Um die einzelnen Steps zu veranschaulichen, habe ich ein Beispiel aus meiner Praxis ausgewählt, anhand dessen ich die einzelnen Punkte verdeutlichen kann.

Beispiel „PhysioAktiv"

Es geht um die Firma PhysioAktiv GmbH, die der Physiotherapeut Hartmut Seidel im Mai 2001 im Gesundheitszentrum Bad Laer mit gleich vier Mitarbeitern gegründet hatte. Das Unternehmen positionierte sich als der Anbieter für Gesundheitsfitness mit hoch qualifizierten Mitarbeitern. Schnell etablierte es sich bei Krankenkassen und Ärzten im Bereich medizinische und therapeutische Anwendungen, Muskelstärkung, Krankengymnastik, Massagen, Lymphdrainage etc., ausgestattet mit den besten computergesteuerten Geräten und überwiegend staatlich anerkannten Physiotherapeuten, Masseuren und Sportlehrern als Mitarbeitern.

Hartmut Seidel setzte auf Qualifikation, Weiterbildung, Kompetenzzuweisung und unternehmerisches Denken seiner Mitarbeiter. Mit einer 1100 Quadratmeter großen Fitnessfläche sicherte er sich so den Umsatz und ein gesundes Wachstum. Innerhalb von drei Jahren wuchs das Unternehmen auf 15 Mitarbeiter und etablierte sich kompetent im regionalen Umfeld. Externe Unternehmensberater, überwiegend mit Erfahrung aus der Fitnessbranche, ergänzten die fachlichen Weiterbildungsmaßnahmen. Mit dem Wachstum wurde auch das Angebot erweitert: um Aerobic, Kardiotraining, Abnehmkurse etc. Mit der Angebotserweiterung wollte man bestehenden Kunden zusätzliche Anreize bieten, das Geschäft ergänzen sowie neue Kunden anziehen. Die Logik lag nahe: Was der eine nicht braucht, ist vielleicht für den anderen interessant. Was Hartmut Seidel aber wie viele andere Unternehmen nicht bedachte, war:

Zusätzliche Produkte führen schnell zur Verzettelung und zur Vergleichbarkeit. Sie verwässern die Kernkompetenz und hinterlassen ein diffuses Bild der Leistungen bei den Kunden.

Verzettelung führte in die Krise

Doch die Firma geriet nach zwei Jahren in die Krise: Für Kunden und Interessenten wirkte das Angebot der PhysioAktiv GmbH vergleichbar mit dem konkurrierender Anbieter aus dem Fitnessbereich, während sich das Unternehmen früher auf medizinische Dienstleistungen

konzentriert hatte. Neukundengespräche drifteten schnell in die Preisargumentation ab, der Preis wurde zwangsläufig zu einem festen Bestandteil des Verkaufsgesprächs und die Neukundengewinnung schwieriger. Immer mehr bestehende Kunden kündigten ihre Abos, weil sie in ihrer Nähe bessere – sprich: günstigere – Angebote sahen. Der Kundenstamm reduzierte sich fast auf die Hälfte. Alle Empfehlungen externer Berater, Kundenbindungs- und Empfehlungsmaßnahmen, Marketingaktivitäten zur Neukundengewinnung, Tage der offenen Tür etc. brachten nicht den erhofften Erfolg. Die Mitarbeiter waren demotiviert und fürchteten um ihren Arbeitsplatz.
Von diesem Beispiel ausgehend, zeigen Ihnen die folgenden 12 Schritte, wie sich ein Unternehmen erfolgreich positionieren lässt. Fragen am Ende eines jeden Kapitels helfen Ihnen, Ihre eigene Situation entsprechend zu analysieren.

Schritt 1: Interne Probleme erkennen

Meist zeigen sich zuerst interne Probleme, die darauf aufmerksam machen, dass mit dem Unternehmen etwas nicht stimmt. Sie machen die tatsächliche Situation im Unternehmen transparent und geben bereits einen ersten Überblick über mögliche Risiken und Chancen in der Zukunft.

Bei PhysioAktiv bestand der interne Engpass in der mangelnden Liquidität, die durch verstärkten Mitgliederverlust entstanden war. Die Hausbank hatte bereits darauf reagiert und den Geldhahn etwas zugedreht.
In dieser Situation ist es wichtig, nicht die Augen zu verschließen und sich womöglich die Lage schön zu reden. Überlegen Sie, welche Abhängigkeiten Ihr Unternehmen langfristig gefährden könnten. Kann zum Bespiel ein Lieferant, der in Konkurs geht oder übenommen wird, Sie in Gefahr bringen? Kann Ihre Bank Ihnen den Hahn zudrehen, was nicht selten schon zum Konkurs geführt hat, obwohl Aufträge vorhanden waren?

Definieren Sie Ihre internen Probleme:

____

____

Halten Sie fest, welche Abhängigkeiten in Ihrem Unternehmen bestehen (z.B. von Banken, anderem Kapital, Personal, Know-how etc.).

____

____

Markieren Sie farblich die wichtigsten Probleme und Abhängigkeiten.

30 *Analysieren Sie Ihr Unternehmen auf interne Probleme: Was stimmt nicht, wo sind Sie möglicherweise von Anderen abhängig?*

Schritt 2: Externe Probleme definieren

Interne Probleme ziehen meist ziemlich schnell externe Probleme nach sich: Mangelndes Personal oder Know-how beispielsweise können schlechteren Service bedeuten, wodurch möglicherweise Kunden abspringen.
Bei PhysioAktiv bestanden die externen Probleme im Preiskampf mit anderen Fitness-Anbietern. Immer mehr bestehende Kunden kündigten ihre Mitgliedschaft, weil sie in ihrer Nähe günstigere Angebote sahen. Bedingt war das durch das austauschbar gewordene Angebot von PhysioAktiv. Als „Bauchladen" hatte das Unternehmen keine Einzigartigkeit mehr und so entschieden die Kunden oft nach dem Preis.

Definieren Sie Ihre externen Probleme und Abhängigkeiten, wie z.B. Abhängigkeiten von Lieferanten oder vertriebliche Engpässe.

Wie gut sind Ihre Kundenbeziehungen?

Wie häufig erhalten Sie Reklamationen und wie gehen Sie mit diesen um?

___

___

Markieren Sie farblich die wichtigsten Probleme und Abhängigkeiten.

30 *Achten Sie darauf, ob Ihr Unternehmen externe Probleme hat. Häufig zeigen sich diese darin, dass Kunden abspringen.*

Schritt 3: Risiken der Zukunft abschätzen

Werfen Sie einen Blick in die Zukunft und überlegen Sie, welche Risiken auf Sie zukommen könnten. Märkte werden sich verändern und veränderte Märkte erfordern neue Strategien. Halten Sie sich vor Augen, dass jedes Risiko auch eine Chance bedeutet – die Chance, sich weiterzuentwickeln und besser zu sein als die anderen. Bei PhysioAktiv erkannte man, dass der Firma das Alleinstellungsmerkmal fehlte und für den Kunden durch die Verwässerung des Angebots kein besonderer Nutzen mehr erkennbar war. Hinzu kam, dass der Name PhysioAktiv erklärungsbedürftig war – wer ihn hörte, hatte nicht sofort ein Bild vor Augen. Das Unternehmen wurde dadurch in eine diffuse Positionierungsschublade abgelegt.

Schauen Sie in die Zukunft und listen alle Risiken auf, mit denen Sie in den nächsten Jahren rechnen müssen.

Was wird sich in Zukunft in Ihrer Branche bzw. Zielgruppe verändern und wie? Ist der Markt eher konservativ oder offen für Entwicklungen?

Welche Veränderungen könnten eine Bedrohung für Ihr Unternehmen darstellen? Wo sehen Sie die Schwachpunkte Ihrer Firma?

Markieren Sie farblich die drei wichtigsten Risiken.

Als Unternehmer müssen Sie immer einen Schritt weiter denken: Wie wird Ihr Markt in Zukunft aussehen? Könnten Risiken auf Sie zukommen – und welche?

Schritt 4: Chancen der Zukunft erkennen

Genauso wie in der Zukunft Risiken liegen, so birgt sie natürlich auch Chancen. Wenn Sie sie jetzt schon erahnen und erkennen, können Sie Ihr Unternehmen besser darauf vorbereiten und werden so erfolgreicher sein. Der Blick in die Zukunft zeigte PhysioAktiv, dass der Bedarf für physiotherapeutische Maßnahmen weiter vorhanden sein, wahrscheinlich sogar steigen wird. Menschen werden, bedingt durch die heutigen Lebensumstände, eher noch mehr unter Rückenschmerzen und anderen Beschwerden des Bewegungsapparats leiden.

Werfen Sie einen Blick in die Zukunft und stellen Sie sich vor, wie die Bedingungen für Ihr Unternehmen sein werden. Welche Chancen sehen Sie?

Markieren Sie farblich die drei wichtigsten Chancen.

30 *Es ist wichtig, mögliche Chancen der Zukunft für Ihr Unternehmen zu erkennen, damit Sie Ihre Maßnahmen darauf abstimmen können.*

Schritt 5: Die wichtigsten Wettbewerber identifizieren

Um die eigene Position richtig einzuschätzen ist es ganz wichtig, die Wettbewerber und deren Stärken und Schwächen zu kennen, denn mit ihnen werden Sie verglichen. Trotzdem wird die Wettbewerbsanalyse in vielen Unternehmen vernachlässigt. Oft existiert nicht einmal ein Archiv über die Werbeunterlagen der Konkurrenz.

PhysioAktiv erkannte, dass seine Wettbewerber im Einzugsgebiet ähnlich positioniert waren: Sie hatten das gleiche oder ein ähnliches Angebot, allerdings zu günstigeren Preisen. Dafür war das Personal bei ihnen weniger qualifiziert.

Listen Sie Ihre wichtigsten Wettbewerber auf:

____

____

____

Was ist ihr jeweiliges Alleinstellungsmerkmal? Wie lauten ihre Verkaufsargumente? Halten Sie Ihre Überlegungen unbedingt schriftlich fest, denn dadurch werden Sie gezwungen, auf den Punkt zu kommen. Man hat oft diffus die Unterschiede zum eigenen Unternehmen im Kopf, doch ganz deutlich werden diese erst, wenn man wirklich alle Punkte aufschreibt.

30 *Ein Vergleich mit der Konkurrenz hilft, die Marktsituation des eigenen Unternehmens realistisch einzuschätzen.*

Schritt 6: Die eigenen Stärken ermitteln

Machen Sie sich die speziellen Stärken Ihres Unternehmens bewusst. Die Stärkenanalyse steigert das Selbstbewusstsein und das Selbstwertgefühl. Wer sich dagegen mit der Analyse der Unternehmensschwächen beschäftigt, erreicht genau das Gegenteil.
In der Stärkenanalyse von PhysioAktiv kristallisierten sich sehr schnell die Alleinstellungsmerkmale und Potenziale im Vergleich zu den Wettbewerbern heraus: Die Mitarbeiter – staatlich anerkannte Physiotherapeuten, Masseure und Sportlehrer – waren alle sehr gut qualifiziert. Außerdem konnte sich das Unternehmen durch die computergesteuerten Geräte klar von seinen Mitbewerbern abgrenzen.

Wo liegen die besonderen Stärken Ihres Unternehmens?

____

____

Bewerten Sie diese im Hinblick auf Ihre Mitbewerber (wie unterscheiden Sie sich von ihnen?) und im Hinblick auf Ihre Kunden (wissen sie um die Stärken und sind sie nützlich für sie?).

Besitzt Ihre Firma eventuell bereits ein Alleinstellungsmerkmal? Wird dieses nach außen kommuniziert?

Konzentrieren Sie sich auf die Stärken Ihres Unternehmens. Ermitteln Sie sie in einem Workshop mit Ihren Mitarbeitern und durch Befragung treuer, ehrlicher Kunden.

30

Schritt 7: Potenzielle Geschäftsfelder analysieren

Überlegen Sie, auf welche Bereiche Sie Ihr Geschäftsfeld ausweiten könnten. Die Definition zusätzlicher Potenziale hilft dabei, neue Marktnischen zu finden, die erfolgreich besetzt werden können. Hinterfragen Sie mögliche Verwendungszwecke Ihrer besonderen Stärken. Denken Sie dabei in (Dienstleistungs-) Produkten. Das heißt, versuchen Sie, aus jeder Idee ein Produkt zu kreieren. Diese Phase bietet zwei Denkansätze: Zum einen führen Sie sich vor Augen, wie sich die Stärken sinnvoll einset-

zen lassen, wenn Sie etwas ganz Neues anfangen möchten. Zum anderen richten Sie Ihre Gedanken darauf, wie sich – aufbauend auf den Unternehmenserfahrungen – die Stärken im bestehenden Geschäftsfeld mit neuen Leistungen verbessern lassen. Diese Phase öffnet eine Bandbreite neuer Wege und Visionen.
Losgelöst von den Rahmenbedingungen und der Realisierbarkeit produzierten in dieser Analyse- und Kreativphase die Workshop-Teilnehmer bei PhysioAktiv viele neue Zukunftsideen.

Analysieren Sie Ihre potenziellen Geschäftsfelder: Was könnte Ihr Unternehmen mit den besonderen Stärken außerdem noch anbieten und welche Spezialisierungsmöglichkeiten liegen nahe?

____

____

Welche Probleme können aufgrund der speziellen Stärken besonders gut gelöst werden?

____

____

Welche weiteren Verwendungszwecke, Vermarktungschancen und Märkte stehen dahinter? Was könnten Sie außerdem leisten?

____

____

Was würden Sie am liebsten tun? Wer könnte sich dafür interessieren?

Neue Geschäftsfelder lassen sich erschließen, indem Sie überlegen, wie Sie aus Ihren Stärken neue Leistungen entwickeln können. Versuchen Sie, aus jeder Idee ein Produkt zu kreieren, denken Sie dabei dienstleistungsorientiert.

Schritt 8: Die erfolgversprechendsten Zielgruppen definieren

Heutige Märkte zerfallen in eine Vielzahl kleiner und lukrativer Minimärkte.

Widmen Sie der Bestimmung Ihrer wichtigsten Zielgruppe viel Zeit, denn Ihre Zielgruppe ist wichtiger als Ihre kapitalen Werte. Welche Zielgruppen hatte Ihr Unternehmen früher und welche jetzt? Wie viel Prozent des Umsatzes entfallen auf diese Zielgruppen? Welche Zielgruppe ist die interessanteste und lohnendste? Wer sind die 20 Prozent Ihrer Zielgruppen, mit denen Sie nach dem Pareto-Prinzip 80 Prozent Ihres Umsatzes machen bzw. machen könnten?

Die Zielgruppenanalyse bei PhysioAktiv ergab, dass ein großer Teil der bestehenden Kunden Rückenschmerzpatienten und ältere Menschen waren, die fit bleiben wollten. Man erkannte, dass eine Spezialisierung auf die Zielgruppe der Rückenschmerzgeplagten das größte und nachhaltigste Marktpotenzial bot (80 Prozent aller Menschen leiden an Rückenschmerzen). Eine entsprechende Neupositionierung würde ca. 90 Prozent der bestehenden Kunden ansprechen.

Um die Gruppe der Menschen zu ermitteln, die Ihre erfolgversprechendste Zielgruppe darstellt, überlegen Sie, bei wem Sie die höchste Anziehungskraft haben. Vergeben Sie 3 Punkte auf der Skala: 1 = hoch, 2 = mittel, 3 = gering:

____

____

Mit welcher Zielgruppe würden Sie am liebsten arbeiten? Wie sieht Ihre Lieblingszielgruppe bzw. Ihr Lieblingskunde der Zukunft aus? Bewerten Sie diese nach Größe, Leidensdruck, höchstem Nutzen und Anziehungskraft.

____

____

Selektieren Sie die erfolgversprechendste Zielgruppe und konzentrieren Sie sich beim nächsten Schritt zunächst nur auf diese.

30

Überlegen Sie, wer die wichtigste Zielgruppe für Ihr Unternehmen darstellt. Fokussieren Sie sich auf diese – auf ihre Bedürfnisse, Wünsche und Hoffnungen.

Schritt 9: Die brennendsten Probleme erkennen

Die Analyse der brennendsten Probleme ist, neben der Zielgruppenanalyse, der wichtigste Schritt, um Innovationen zu entwickeln. Denken Sie bitte immer daran: Jedes Problem kann eine Marktnische sein – besonders wenn es sich an eine Leidenszielgruppe richtet. Halten Sie kontinuierlichen Dialog mit Ihren Zielgruppen. Keine andere Quelle kann zuverlässiger Auskunft über die tatsächlichen Bedürfnisse und den Bedarf des Marktes geben als der Markt selbst. Der direkte Kontakt zu den Zielgruppen ist noch immer das beste Instrument, wenn es darum geht, das eigene Angebot zu überprüfen.
Veränderungen des Marktes anzupassen und auch die Werbung gezielt darauf auszurichten. Durch den ständigen Dialog mit Ihrer Zielgruppe werden Sie automatisch zum Informationsbesitzer und haben so ein absolut zuverlässiges Frühwarnsystem.
Das brennendste Problem der Zielgruppe von Physio-Aktiv waren chronische Rückenschmerzen. Schmerzfreiheit ist für diese Menschen oft ein scheinbar uner-

reichbarer Traum. Der Leidensweg chronisch erkrankter Rückenschmerzpatienten ist mit täglichen Schmerzen und Bewegungseinschränkungen verbunden. Es gibt oft keine Haltung, in der man entspannt und schmerzfrei ist. Was bleibt, ist eine resignierte Lebenseinschränkung und der Frust, dass das Leben an einem vorübergeht. Der Traum, sportlich aktiv zu sein, mit anderen etwas zu unternehmen, mit den Kindern und Enkelkindern herumzutollen, beschränkt sich auf das Zuschauen oder darauf, diesen Aktivitäten aus dem Wege zu gehen. Diesen Menschen wieder eine neue Hoffnung zu geben war ein wichtiger emotionaler Faktor bei der Positionierung von PhysioAktiv.

Welche Probleme empfindet Ihre Zielgruppe als besonders brennend (faktisch oder emotional)?

____

____

Welche Wünsche, Bedürfnisse und Sorgen sind Ihnen bereits bekannt? Denken Sie dabei an: Vertrauen, Risiken, Preise, bisherige Problemlösung und Erwartungen, Finanzierung, Erreichbarkeit, Ängste, Hemmschwellen, Kompetenz, Informationen etc.

____

____

Versetzen Sie sich in die Lage Ihrer Zielgruppe und gehen Sie im Kopf der Zielgruppe spazieren! Durchforsten

Sie alle emotionalen und faktischen Probleme, selbst wenn sie Ihr Angebot nicht tangieren.

30

Sie werden großen Erfolg haben, wenn Sie die brennendsten Probleme Ihrer Zielgruppe lösen. Versuchen Sie daher herauszufinden, worunter Ihre Kunden leiden, was sie sich erhoffen.

Schritt 10: Innovationspotenzial herauskristallisieren

Sinnvolle Innovationen lösen das brennendste Problem einer Zielgruppe. Dabei geht es nicht immer darum, nur nach neuen, aufwändigen oder gar kostenintensiven technischen Innovationen zu suchen. Innovationen können technisch, faktisch oder virtuell – also nur im Kopf – eine Vorstellung auslösen und ein (psychologisches) Bedürfnis befriedigen. Wichtig ist, dass die Innovation im Kopf Ihrer Zielgruppe ein neues Fenster öffnet. „Virtuell" bedeutet, dass eine Dienstleistung oder ein Produkt eine Positionierungsnische besetzt und im Kopf der Zielgruppe als anders, einzigartig oder neu wahrgenommen wird (vgl. Seite 45).

Wenn Sie eine Innovation entwickelt haben, befragen Sie anschließend direkt und persönlich Ihre Zielgruppe, um Ihre eigene Einschätzung zu überprüfen. So stellen Sie auch die Wirksamkeit der folgenden Werbe-

maßnahmen sicher. Das Innovationsrisiko wird auf diese Weise praktisch auf null reduziert und garantiert eine erfolgreiche Umsetzung am Markt.
Beispiel PhysioAktiv: Die tiefere Analyse der brennendsten Probleme von Rückenschmerzpatienten zeigte, dass mit einseitigen, Muskel aufbauenden Therapien bei chronischen Rückenerkrankungen kein nachhaltiger Erfolg zu erzielen war. Darin lag die Chance für das Unternehmen! Man konnte sich von oberflächlichen Problemlösungen für die Leidenszielgruppe abheben, indem man eine höherwertigere Lösung mit medizinischem Charakter anbot.
Unter Berücksichtigung der bestehenden Ressourcen und der Ausbildung der Mitarbeiter des Unternehmens wurde in gegenseitiger Abstimmung ein bis dahin einmaliges „8-Schritte-Rücken-Intensiv-Programm“ entwickelt. Da die Mitarbeiter bereits im Vorfeld eine Rückenschulausbildung in der Schmerzambulanz der Universitätsklinik Göttingen absolvierten, waren die wissenschaftlichen Erkenntnisse ein tragender und übergreifender Bestandteil dieses 8-Schritte-Programms.

Analysieren Sie Innovationspotenziale: Welche zusätzlichen Leistungen lösen die Probleme der erfolgversprechendsten Zielgruppe? Womit oder wie kann man der Zielgruppe einen zwingenden Nutzen bieten?

Suchen Sie nach Begeisterungsmerkmalen. Lassen Sie allen Ideen freien Lauf, selbst wenn Sie glauben, dass eine Idee unmöglich zu realisieren ist. Wenn Sie später die einzelnen Positionierungsstrategien andocken, werden Sie eventuell überraschende Lösungen finden.

Versuchen Sie etwas Neues zu entwickeln, das die Probleme Ihrer Zielgruppe löst. Innovation muss hier nicht bedeuten, dass Sie etwas Neues erfinden – oft geht es allein darum, bereits vorhandene Leistungen so zu kombinieren, dass sie den Bedürfnissen der Zielgruppe besser entgegenkommen.

Schritt 11: Hemmschwellen der Zielgruppe abbauen

Es kann sein, dass eine Zielgruppe Ihr Produkt bzw. Ihre Dienstleistung nicht annimmt, obwohl es ihre brennendsten Probleme löst und einmalig ist auf dem Markt. Denn es gibt psychologische und faktische Hemmschwellen bei der Zielgruppe, auf das Angebot einzugehen. Diese sind oft gar nicht so leicht herauszufinden. Bei der Analyse „Was könnte Ihre Zielgruppe davon abhalten, das Angebot anzunehmen?“ wurde der Geschäftsführung von PhysioAktiv schnell klar, dass bei vielen Leuten die Zeit ein Problem darstellen könnte, z.B. bei Müttern mit Kindern, Berufstätigen, die nur abends Zeit hatten etc. Diese Hemmschwellenfaktoren führten zu veränderten Öffnungszeiten und einem individuellen Programmangebot.

Was könnte Ihre Zielgruppe davon abhalten, Ihre Leistung in Anspruch zu nehmen? Da Sie erst einmal im Elfenbeinturm arbeiten und noch kein Markt-Feedback haben, sollten Sie an diesem Punkt der Erarbeitung Ihre Ideen kritisch infrage stellen.

Wann würde Ihre Zielgruppe das Angebot auf jeden Fall annehmen?

Denken Sie bitte erneut über Innovationen nach und suchen Sie zu jeder Hemmschwelle eine Lösung.

30 *Manchmal gibt es Gründe, warum Kunden Ihr Angebot nicht annehmen, obwohl es genau ihre Bedürfnisse trifft. Räumen Sie diese Hemmschwellen aus dem Weg, sonst werden Sie nicht erfolgreich sein.*

Schritt 12: Das Unternehmensziel festlegen

Nachdem Sie Schritt für Schritt eine Positionierungsstrategie für Ihr Unternehmen erarbeitet haben, ist es wichtig, das Unternehmensziel in einem Leitsatz zusammenzufassen. Dieser hilft Ihnen und Ihren Mitarbeitern, sich immer wieder vor Augen zu führen, was das Besondere an Ihnen ist und warum Kunden bei Ihnen kaufen sollten. Unternehmensziele sind niemals an Trends oder am Zeitgeist orientiert. Erarbeiten Sie am besten gemeinsam mit Ihren Mitarbeitern die Unternehmensziele und fassen Sie das Wichtigste zu einem Leitsatz zusammen.
Die Mitarbeiter von PhysioAktiv erarbeiteten das Unternehmensziel in Form einer Werbeaussage, mit der ein Werbeträger gestaltet wurde: „Nie wieder Rückenschmerzen. Endlich zum kraftvollen, beweglichen und schmerzfreien Rücken mit dem 8-Schritte-Rücken-Intensiv-Programm – eine neue, ganzheitliche Behandlungsmethode zur Heilung chronischer und akuter Rückenschmerzen."

Welches konstante Grundbedürfnis wollen Sie in Zukunft lösen? Werden Sie zum Beispiel nicht bester Hersteller von einer bestimmten Art von Datenspeicher, sondern bester Problemlöser für die Sicherung von Daten, nicht bester Anbieter von Marketingseminaren, sondern bester Problemlöser für alle, die neue Kunden

suchen. Tragen Sie alle Formulierungen zusammen, bewerten Sie diese und fassen Sie die wichtigste Aussage zu einem für jedermann verständlichen und nachvollziehbaren Leitsatz zusammen.
Ihr Leitsatz:

____

____

30 *Nachdem Sie Schritt für Schritt die gelungene Positionierung für Ihr Unternehmen erarbeitet haben, sollten Sie Ihr Unternehmensziel in einem Leitsatz zusammenfassen. Er verdeutlicht Mitarbeitern und Kunden, wofür Ihr Unternehmen steht.*

Die weitere Erfolgsgeschichte von PhysioAktiv

Positionierung braucht eine neue Schublade im Kopf der Zielgruppe. Dabei ist der Name ein wichtiges Werkzeug. Er muss so gewählt werden, dass er die Kernkompetenz zum Ausdruck bringt. Daher galt es, einen neuen Namen zu finden – PhysioAktiv war erklärungsbedürftig und wurde in der Region in eine diffuse Schublade abgelegt. Die neue Positionierung war eine Chance, einen sich selbst erklärenden Kernkompetenz-Namen zu etablieren, der den Brandingprozess deutlich verbesserte. Die Wahl fiel auf *Rücken Vital Zentrum Bad Laer*. „Rücken

Vital" sagt aus, um was es geht, „Zentrum" zeugt von Größe, und der Ortsname Bad Laer unterstreicht den Kur- und medizinischen Aspekt. Ein neues Corporate Design mit Wort-Bildmarke, Geschäftsausstattung, Poster und Zeitung, Anzeigen, PR und Internetauftritt wurde entwickelt. Der neue Name wurde markenrechtlich angemeldet und der notwendige Domainname gesichert.

Corporate Design

Besonders wichtig war die Entwicklung des gesamten Auftritts (Corporate Design und Corporate Identity). Ziel war es, das Unternehmen als fortschrittliche Institution mit klinischem Anspruch darzustellen. Die Bildmarke zeigt eine abstrakte Linie der Wirbelsäule, und die Wortmarke in blauer Schrift zeugt von Größe. Ergänzt wird das Ganze durch ein Key-Visual-Bild, auf dem eine Frau die Hände auf dem Rücken zu einer gebetsähnlichen Haltung zusammenführt. (Ein Key-Visual bzw. Schlüsselbild kann eine grafische, bildliche, farbliche oder dreidimensional visualisierte Idee bzw. Figur sein, die eng mit einer Marke verknüpft wird.) Die Kleidung der Mitarbeiter, die bisher überwiegend orange war, wurde weiß. Weiß ist zugleich die Kleidung der Ärzte und Krankenschwestern und steht stellvertretend für Kompetenz im medizinischen Bereich.
Vor der Neueröffnung des Rücken Vital Zentrums wurden alle Mitarbeiter auf die neue Positionierung eingestimmt. Bei der Schulung standen vor allem die Beratungsgespräche im Vordergrund. Es kam darauf an, die

innere Haltung zu verändern (weg von den Preisgesprächen), neue Energien freizusetzen, glaubwürdig die neue Positionierung zu leben und Gesprächsargumentationen parat zu haben.
Angesichts der umfangreichen Leistungen, des Mehrwerts für die Zielgruppe, der Schulung der Mitarbeiter und der Weiterentwicklungen wurde ein entsprechend lukrativer Deckungsbeitrag kalkuliert. Für die Mitarbeiter war es ein angenehmes Gefühl, nicht mehr auf die Preisdiskussion eingehen zu müssen. Wenn potenzielle Kunden auf den Preis zu sprechen kamen, erhielten sie ausweichende Antworten, unter anderem mit dem Argument: „Wenn es Ihnen Ihr Rücken nicht wert ist, sollten Sie nochmals darüber nachdenken. Außerdem haben wir aufgrund der vielen Anfragen sowieso Aufnahmestopp."

Erfolgreiche Neueröffnung

14 Tage vor der Eröffnung wurde über einen regionalen Verteiler an ca. 25.000 Haushalte, Arztpraxen, Apotheken, den Einzelhandel und diverse andere Zielgruppennetzwerke eine Rücken Vital-Zeitung verteilt, außerdem wurde in allen Wochen- und Tageszeitungen der Region mit Anzeigen und redaktionellen Beiträgen zur Eröffnung eingeladen. Journalisten, Ehren- und Fachpublikum wie Krankenkassen, Ärzte, Bürgermeister etc. erhielten eine persönliche Einladung. Geschäftspapiere, Visitenkarten, neue Kleidung, Türstopper, Poster etc. – an alles wurde gedacht.

Die Eröffnung in Form eines Tags der offenen Tür war ein sensationeller Erfolg! Bereits am ersten Tag kamen insgesamt über 1300 Besucher. Informationsgespräche – üblicherweise Einzelgespräche – mussten an diesen Tagen mit Gruppen von bis zu 28 Interessenten durchgeführt werden und das Telefon stand nicht still. Mitarbeiter arbeiteten alle drei Schichten durch, und vor der Tür standen die Besucher Schlange. Am zweiten Tag verbuchte das Unternehmen 40 Prozent mehr Neukunden. Nach einer Woche waren alle Spezialkompaktkurse bis zum Sommer ausverkauft.

Verleihung des „Oskars für den Mittelstand"

Unter der Schirmherrschaft des Bundesministers für Wirtschaft und Arbeit findet jährlich eine öffentliche Ausschreibung zur Nominierung der besten mittelständischen Unternehmen für den Wirtschafts- und Medienpreis Oskar für den Mittelstand statt. Beeindruckt von den Erfolgen des Rücken Vital Zentrums Bad Laer wurde das Unternehmen vom Landkreis für eine Nominierung vorgeschlagen. Einen Monat nach Eröffnung erreichte die offizielle Nominierung das Unternehmen. Nicht der Preis stand bei den Kunden im Vordergrund, sondern die Angst, zu lange warten zu müssen, um das Angebot nutzen zu dürfen. Für das Unternehmen hatte sich die Situation vom Anbieter- zum Nachfragemarkt gedreht: Es musste nicht mehr den Kunden nachlaufen und seine Dienstleistungen wie „sauer Bier" anbieten, sondern es hatte Mühe, die riesige Nachfrage zu befriedigen.

Ein Nachfragesog war entstanden, der das Marketing erleichterte (Pull-Marketing). Und genau das ist es, was eine Positionierung im günstigen Fall bewirken kann! Wer sich hingegen in der Austauschbarkeit bewegt, kann ausschließlich über Druck verkaufen (Push-Marketing), indem er versucht, in einem starken Wettbewerbsumfeld mit hohem Werbeaufwand etwas in den Markt „hineinzudrücken".

Das Beispiel Rücken Vital Zentrum zeigt, wie durch konsequente Zielgruppenorientierung ein erfolgreicher Spezialisierungs- und damit Positionierungsprozess gestaltet werden kann.

30

Positionierung ist der erfolgreichste Weg aller Marketingstrategien. Damit sie gelingt, gilt es folgende Punkte zu berücksichtigen:

- ***Nicht gewinnorientiert vorgehen, sondern nutzenorientiert denken und handeln – Nutzen im Sinne eines speziellen Angebots für eine besondere Zielgruppe.***
- ***Immer versuchen, den größten Engpass bzw. das brennendste Problem seiner Zielgruppe zu lösen.***
- ***Konsequent den Nutzen für seine Zielgruppe steigern.***
- ***Nur absolute Kundenzufriedenheit und hohe Begeisterung anstreben.***
- ***Wer die Probleme anderer löst, löst auch seine eigenen – daraus folgen mehr Anziehungskraft und Gewinn.***

Fast Reader

1. Wer nicht automatisch neue Kunden gewinnt, ist falsch positioniert

Sind die Produkte verschiedener Anbieter in den Augen des Kunden gleich, entscheidet er meist nach dem Preis. Dadurch entsteht eine Negativspirale mit fatalen Folgen für die Unternehmen. Wer als Unternehmen zu einem Bauchladen wird, verwässert langfristig seine Marke, verliert an Profil und steht am Ende für nichts.

Wer das Gleiche anbietet wie andere, wird austauschbar, Kunden sehen keinen Unterschied und entscheiden oft nach dem Preis.

- ***Positionierung dagegen beschäftigt sich damit, Lücken im Markt zu finden und zu besetzen.***
- ***Finden Sie ein Alleinstellungsmerkmal, das Sie von anderen unterscheidet.***

2. Mit Positionierungsstrategien aus der Austauschbarkeitsfalle

Überlegen Sie, welches Problem Ihrer Zielgruppe Sie besonders gut lösen. Dadurch werden Sie einzigartig.
Bei der eigenen Positionierung hilft oft, sich „unverschämte" Ziele zu setzen. Schrauben Sie Ihre Erwartungen hoch und denken Sie quer.

- ***Der erste Schritt zur Positionierung besteht darin, ein Bedürfnis Ihrer Kunden besonders gut zu befriedigen.***
- ***Versuchen Sie, Ihre Kreativität zu erweitern, indem Sie quer denken.***
- ***Eine klare Positionierung ist die Voraussetzung für Markenbildung.***

3. Durch Spezialisierung zur Positionierung

Marktführerschaft – mit allen damit verbundenen Vorteilen – können Sie nur durch Spezialisierung erreichen, und zwar unabhängig von Ihrer Unternehmensgröße und Ihrer Branche.

Eine erfolgreiche Positionierung setzt die Spezialisierung des Unternehmens voraus. Wer mit ei-

nem Bauchladenangebot auftritt, kann sich nicht eindeutig positionieren. Spezialisierung hat viele Vorteile:

- ***Produktivität und Effektivität steigen und die Bedürfnisse der Kunden können besser erfüllt werden.***
- ***Wichtig ist, zunächst seine Zielgruppe genau zu definieren: Schneiden Sie Ihr Angebot genau auf diese zu.***
- ***Auf diese Weise dringen Sie spitz in den Markt ein. Haben Sie erst einmal Ihren Platz gefunden, können Sie neue Zielgruppen ansprechen, indem Sie Ihr Angebot erweitern.***

4. Erfolgreiche Produkt-Positionierungsstrategien

Die Positionierung über den Preis ist eines der letzten Mittel, das man nur eingeschränkt empfehlen kann, da es sich um eine Einbahnstraße in Richtung „noch billiger" handelt. Bevor Sie sich über den Preis positionieren, sollten Sie zuerst darüber nachdenken, ob nicht eine andere Strategie besser und langfristig wirkungsvoller ist.
Die Positionierung mit einem Pionierprodukt ist relativ einfach, da Sie per se ein Alleinstellungsmerkmal haben. Sie bieten etwas an, was es noch nicht gab. Achten Sie darauf, Ihre Position zu ver-

teidigen, auch wenn Nachahmer auf den Markt drängen. Auch über Patentschutz sollten Sie nachdenken.
Ein Produkt lässt sich gut positionieren, indem man ihm eine virtuelle Qualität verleiht. Das heißt, das Produkt wird im Kopf der Zielgruppe anders – als einmalig und hervorragend – wahrgenommen, ohne dass es tatsächlich verändert wird. Eine virtuelle Qualität kann man besonders gut schaffen, indem man ein Produkt mit positiven Gefühlen verbindet.

30 ***Ein Produkt muss erfolgreich auf dem Markt positioniert werden, damit es seine Käufer findet. Dazu gibt es verschiedene Strategien:***

- ***Die Positionierung über den Preis ist anfangs leicht zu realisieren, oft aber kurzsichtig, da man immer billiger werden muss, um die Konkurrenz zu unterbieten.***
- ***Hat man ein Pionierprodukt, besetzt man als Erster eine Marktnische. Versuchen Sie, Ihr Produkt als Marke zu etablieren, um langfristig Erfolg zu haben.***
- ***Ein Produkt kann positioniert werden, indem man ihm eine neue virtuelle Qualität zuweist. Das heißt, im Kopf der Zielgruppe besitzt das Produkt einen besonderen Nutzen, auch wenn es de facto von anderen kaum zu unterscheiden ist.***
- ***Bei Joint-Venture kooperieren zwei Unterneh-***

men, um ihre Produkte auf dem Markt zu positionieren. Davon profitieren beide Seiten.

5. In 12 Schritten zur erfolgreichen Positionierung

Analysieren Sie Ihr Unternehmen auf interne Probleme: Was stimmt nicht, wo sind Sie möglicherweise von Anderen abhängig?
Achten Sie darauf, ob Ihr Unternehmen externe Probleme hat. Häufig zeigen sich diese darin, dass Kunden abspringen.
Als Unternehmer müssen Sie immer einen Schritt weiter denken: Wie wird Ihr Markt in Zukunft aussehen? Könnten Risiken auf Sie zukommen – und welche?
Es ist wichtig, mögliche Chancen der Zukunft für Ihr Unternehmen zu erkennen, damit Sie Ihre Maßnahmen darauf abstimmen können.
Ein Vergleich mit der Konkurrenz hilft, die Marktsituation des eigenen Unternehmens realistisch einzuschätzen.
Konzentrieren Sie sich auf die Stärken Ihres Unternehmens. Ermitteln Sie sie in einem Workshop mit Ihren Mitarbeitern und durch Befragung treuer, ehrlicher Kunden.
Neue Geschäftsfelder lassen sich erschließen, indem Sie überlegen, wie Sie aus Ihren Stärken

neue Leistungen entwickeln können. Versuchen Sie, aus jeder Idee ein Produkt zu kreieren, denken Sie dabei dienstleistungsorientiert.
Überlegen Sie, wer die wichtigste Zielgruppe für Ihr Unternehmen darstellt. Fokussieren Sie sich auf diese – auf ihre Bedürfnisse, Wünsche und Hoffnungen.
Sie werden großen Erfolg haben, wenn Sie die brennendsten Probleme Ihrer Zielgruppe lösen. Versuchen Sie daher herauszufinden, worunter Ihre Kunden leiden, was sie sich erhoffen.
Versuchen Sie etwas Neues zu entwickeln, das die Probleme Ihrer Zielgruppe löst. Innovation muss hier nicht bedeuten, dass Sie etwas Neues erfinden – oft geht es allein darum, bereits vorhandene Leistungen so zu kombinieren, dass sie den Bedürfnissen der Zielgruppe besser entgegenkommen.
Manchmal gibt es Gründe, warum Kunden Ihr Angebot nicht annehmen, obwohl es genau ihre Bedürfnisse trifft. Räumen Sie diese Hemmschwellen aus dem Weg, sonst werden Sie nicht erfolgreich sein.
Nachdem Sie Schritt für Schritt die gelungene Positionierung für Ihr Unternehmen erarbeitet haben, sollten Sie Ihr Unternehmensziel in einem Leitsatz zusammenfassen. Er verdeutlicht Mitarbeitern und Kunden, wofür Ihr Unternehmen steht.

30

Positionierung ist der erfolgreichste Weg aller Marketingstrategien. Damit sie gelingt, gilt es folgende Punkte zu berücksichtigen:

- ***Nicht gewinnorientiert vorgehen, sondern nutzenorientiert denken und handeln – Nutzen im Sinne eines speziellen Angebots für eine besondere Zielgruppe.***
- ***Immer versuchen, den größten Engpass bzw. das brennendste Problem seiner Zielgruppe zu lösen.***
- ***Konsequent den Nutzen für seine Zielgruppe steigern.***
- ***Nur absolute Kundenzufriedenheit und hohe Begeisterung anstreben.***
- ***Wer die Probleme anderer löst, löst auch seine eigenen – daraus folgen mehr Anziehungskraft und Gewinn.***

Der Autor

Der renommierte Wirtschaftsexperte, Bestseller-Autor und Keynote Speaker berät international Unternehmen, die eine nachhaltige Stärkung und Verbesserung ihrer Marktposition anstreben. In der theoretischen Ausbildung an Universitäten und der praktischen unternehmerischen Umsetzung füllt er eine zentrale Wissenslücke und zählt damit zu den Pionieren bei der Entwicklung von praxiserprobten Positionierungsstrategien.

Peter Sawtschenko ist Lehrbeauftragter an der staatlichen Steinbeis Hochschule Berlin für Professionelle Speaker, Präsident des Bundesverbands StrategieForum e.V., Gastdozent an der Johann Wolfgang von Goethe Universität in Frankfurt, Gewinner des Strategiepreises 2007 und Top-100-Referent bei Speakers Excellence. Er wurde 2009 und 2010 mit dem Conga Award als einer der 10 besten Referenten und Trainer ausgezeichnet und war bei der Entwicklung des neuen EKS-Unternehmens-Strategie-Handbuchs (FAZ) beratend tätig.

Weiterführende Literatur

- Sawtschenko, Peter: Positionierung – das erfolgreichste Marketing auf unserem Planeten. Das Praxisbuch für ungewöhnliche Markterfolge, Offenbach: GABAL Verlag, 3. Aufl. 2008

- Sawtschenko, Peter: Rasierte Stachelbeeren. So werden Sie die Nr. 1 im Kopf Ihrer Zielgruppe, Offenbach: GABAL Verlag, 3. Aufl. 2003

14tägiges Telegramm (kostenlos)

Mit Positionierungsstrategien aus der Preis- und Austauschbarkeitsfalle. Ihr kostenloser Positionierungs-Service.
Bestellen Sie jetzt Ihr persönliches Positionierungs-Coaching-Telegramm direkt auf Ihren PC! Lernen Sie, aus der Praxis für die Praxis, wie man systematisch, analytisch und kreativ die Grenzen seines Marktes kraftvoll erweitern kann. Auf nur einer Seite, kurz und knapp, wird das Positionierungs-Telegramm Ihnen helfen, Ihren Markt und Ihre Mitbewerber mit völlig anderen Augen zu sehen. Abonnieren unter www.sawtschenko.de unter „Positionierungs-Telegramm".

Weiterführende Seminare

Durch Positionierung erkennen Sie die schlummernden Erfolgs- und Alleinstellungspotenziale Ihres Unternehmens. Nutzen Sie diese effiziente Schlüsselstrategie, um den Zugangscode zu Ihren erfolgversprechendsten Zielgruppen zu finden. Mithilfe der Positionierung entwickeln Sie bedarfsorientierte Innovationen, vermeiden teure Flops und schaffen eine eigene Konjunktur. Dieses Diagnose- und Navigationssystem beruht auf den Prinzipien und Gesetzmäßigkeiten von Erfolgsfaktoren und ist auch in wirtschaftlich schwierigen Zeiten eine robuste Unternehmensstrategie. Sie deckt hart und unbarmherzig unternehmerische Denkfehler auf und schützt Sie vor Fehlentscheidungen.

Was Sie in diesem Seminar lernen:

- Warum Positionierung die Schlüsselstrategie im Wettbewerb der Zukunft ist
- Wie Sie neue Marktnischen besetzen und zur Nr. 1 im Kopf Ihrer Zielgruppe werden
- Wie Sie Ihre Leistungen bedeutend besser verkaufen, Verkaufsprozesse signifikant beschleunigen und deutlich höherer Preise erzielen
- Mit welchen Spielregeln Sie automatisch eine Sogwirkung erzielen und die Wertschöpfung je Kunden deutlich steigern
- Wie Sie für scheinbar austauschbare Produkte und Dienstleistungen Alleinstellungen erarbeiten und sich der Vergleichbarkeit entziehen

Infos unter www.sawtschenko.de